FAMING

发明发现之谜

 青少科普编委会　编著

U0304600

吉林出版集团
Jilin Publishing Group

吉林科学技术出版社
JiLin Science&Technology Publishing House

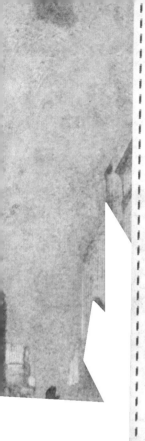

前言
▶▶▶ Foreword

　　没有一本科普书能包揽来自我们生活的方方面面，然而本书包含了自然的奥秘，神奇的理化现象，还有现代的交通，它们从哪里来，又和谁一起来？我们生活在这样一个有趣又多变的世界，身在其中的小朋友，是不是已经产生了好奇和兴趣，想要从身边的生活开始，展开对这个世界的探索呢？

　　这是一套充满想象和趣味的儿童科普图书。它从贴近我们现实生活的话题中取材，以生动、有趣、简洁的方式阐释了事物背后所蕴含的道理以及相关知识点，很好地解答了"是什么""怎么样"和"为什么"的问题。

　　请让我们陪你一起，从身边常见的现象入手，开动我们生动活泼的小脑筋，积极思考，打开自己的好奇心和探索兴趣。相信吧，这是一套不可多得的科普读物，它引领小朋友在趣味学习的过程中开启科学的大门，启发你从不同角度去认识生活。

目录
▶▶▶ Contents

自然奥秘

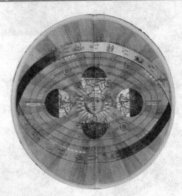

神奇理化

生命奇迹

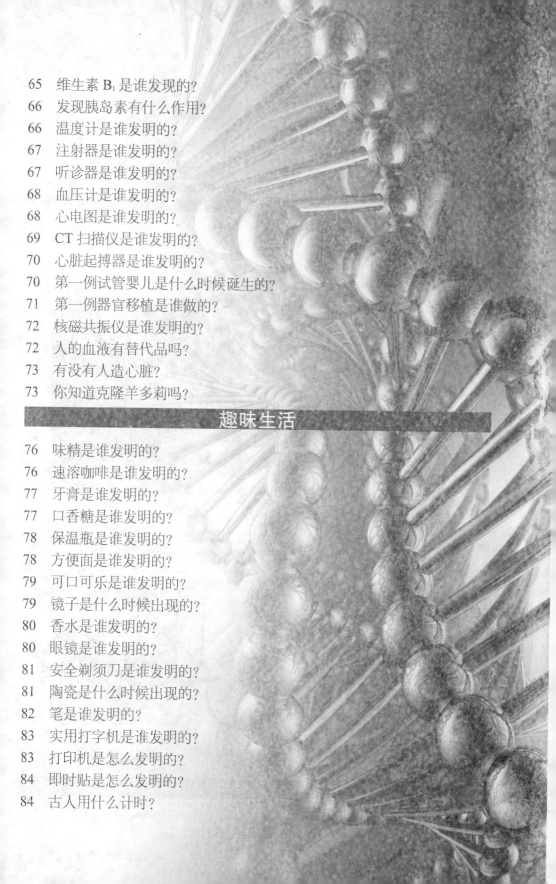

趣味生活

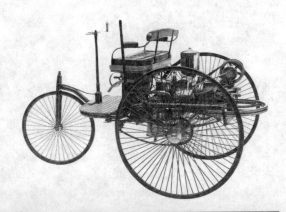

悠悠考古

军事交通

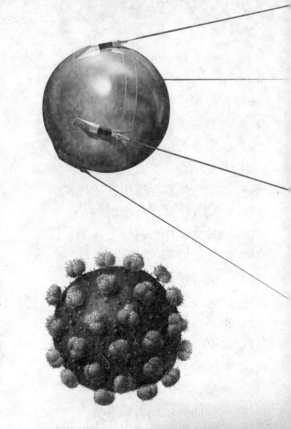

科技之光

自然奥秘 》》

　　谁最早提出地球是圆的？谁发现了最老的星
系？谁发现了第一颗小行星？指南鱼是谁发明
的？别急，这些看起来奇奇怪怪的问题，等你读完
这一章的内容，就会变得清晰起来。而那个时候，
你会突然发现，原来大自然是这么神奇呀！

最初的历法是谁制定的？

公元前3000年，生活在底格里斯与幼发拉底两河流域的苏美尔人，根据自然变换的规律，制定了时间上最早的方法，叫做太阴历。那时的历法把一年分为12个月，一共354天。

谁最早提出地球是圆的？

大约在公元前500年，古希腊数学家毕达哥拉斯和他的弟子们，首先提出了大地是球形的设想。他们认为球形是最美好的，所以，宇宙中包括地球在内的所有天体都应该是球形的。

毕达哥拉斯和他的弟子们

太阳和八大行星运动轨道

"日心说"是谁提出来的？

完整的"日心说"是由波兰天文学家哥白尼在 1543 年发表的《天体运行论》中提出的，但在公元前 300 多年，赫拉克里特和阿里斯塔克曾提到过太阳是宇宙的中心，地球围绕太阳运动。

↑ 哥白尼

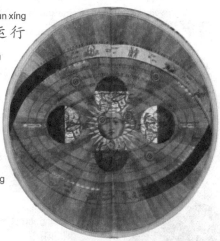

↑ 哥白尼的"日心说"宇宙体系

谁发现了最老的星系？

↑ 哈勃望远镜拍摄的最古老的星系 BX442

欧洲宇航局宣布，一个国际天文学研究小组最近发现了一个距今 135.5 亿年的星系，是已知最古老的星系。它距地球的距离为 128 亿光年。对该星系光谱的进一步研究显示，该星系中最早的恒星已有 7.5 亿年历史，属于漩涡星系。

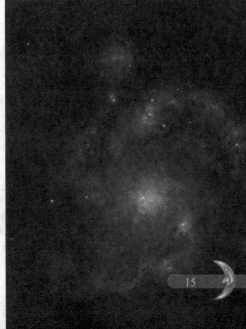

首先提出星云假说的哲学家是谁？

德国哲学家康德31岁时发表了《宇宙发展史概论》，提出了宇宙起源的"星云假说"，第一次用科学观点回答了宇宙成因这一重大而又基本的科学问题，为近代科学技术的发展作出了巨大贡献。

🔆 康德

🔆 卡尔·史瓦西

黑洞是谁发现的？

黑洞是一种非常神秘的天体，它有非常强的引力，就连光都无法逃脱。黑洞的概念是德国天文学家卡尔·史瓦西于1916年提出的。所以，我们至今把形成黑洞的界限称为史瓦西解。

🔆 黑洞想象图

谁发现了第一颗小行星？
shuí fā xiàn le dì yī kē xiǎo xíng xīng

1801 年 1 月 1 日，也就是 19 世纪的第一天，朱塞普·皮亚齐在西西里岛的巴勒莫用肉眼发现了第一颗小行星，它的名字叫谷神星。谷神是西西里岛的女神。

🔆 朱塞普·皮亚齐

谁发现行星运动三大定律？
shuí fā xiàn xíng xīng yùn dòng sān dà dìng lù

德国著名的天体物理学家开普勒发现了行星运动三大定律，为哥白尼创立的"太阳中心说"提供了最为

🔆 开普勒

有力的证据，被后世誉为"天空的立法者"。他还是现代光学的奠基人，制作了著名的开普勒望远镜。

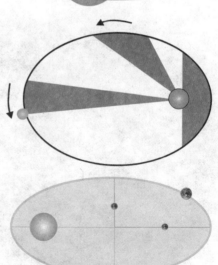
🔆 行星运动三大定律

17

哈雷彗星

哈雷彗星是谁发现的？

最早了解哈雷彗星并计算出它的轨道的是英国人爱德蒙·哈雷，因此这颗彗星就以他为名。但其实早在这之前，哈雷彗星返回内太阳系就已经被天文学家观测和记录到，在中国、巴比伦和中世纪的欧洲都有这颗彗星出现的纪录。

太阳黑子是谁发现的？

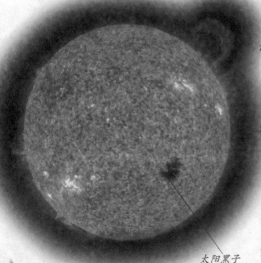

太阳黑子

对太阳黑子最早的记录是中国公元前140年前后成书的《淮南子》，而在《汉书·五行志》中对黑子的记载要更详细一些。从汉朝到明朝，我国古人大约详细记载了100多次有明确日期的太阳黑子的活动。

什么是"人造太阳"?

"人造太阳"是世界上迄今为止最大的热核聚变实验项目。人们希望在地球上模拟太阳的核聚变,利用热核聚变为人类提供安全、洁净、源源不断的清洁能源,最终解决我国乃至全人类能源问题的战略新能源。

天王星是谁发现的?

天王星是由威廉·赫歇尔通过望远镜系统地搜寻,在1781年3月13日发现的,它是现代发现的第一颗行星。事实上,天文学家勒蒙尼耶之前曾观察到天王星达12次之多,但他却让这个重大的发现在自己的眼皮下溜走了。

威廉·赫歇尔

天王星和它的卫星

hǎi wáng xīng shì zěn me bèi fā xiàn de
海王星是怎么被发现的?

🔆 伽勒

tiānwángxīng fā xiàn hòu　rén men fā xiàn tā de shí jì
天王星发现后,人们发现它的实际

yùn xíng guǐ dào yǔ gēn jù tài yáng yǐn lì jì suàn chū de guǐ
运行轨道与根据太阳引力计算出的轨

dào yǒu piān lí　yú shì tuī cè zài tiānwángxīng wài hái yǒu
道有偏离,于是推测在天王星外还有

yī kē xíng xīng　tā chǎnshēng de yǐn lì shǐ tiānwángxīng
一颗行星,它产生的引力使天王星

de guǐ dào fā shēng le piān lí　　nián yuè　rì
的轨道发生了偏离。1846年9月18日,

dé guó tiān wén xué jiā qié lè duì zhǔn lè wēi jì suàn chū de wèi
德国天文学家伽勒对准勒威计算出的位

zhì zhēn de kàn dào le yī kē lán sè de xīngxing　hǎi wáng xīng
置,真的看到了一颗蓝色的星星——海王星。

shuí fā xiàn le tài yáng hēi zǐ de huó dòng zhōu qī
谁发现了太阳黑子的活动周期?

🌑 太阳黑子很少
单独活动,常是成
群出现。

nián　sāi miù ěr　hǎi yīn lì
1843年,塞缪尔·海因利

xī　shǐ wǎ bèi fā xiàn le tài yánghuódòng
希·史瓦贝发现了太阳活动

zhōu qī cóng　nián
周期。从1826年

kāi shǐ　shǐ wǎ
开始,史瓦

bèi měi tiān jì lù
贝每天记录

🔆 塞缪尔·海因利希·史瓦贝

tài yángshang de hēi zǐ shù　jīng guò le　nián jiān
太阳上的黑子数,经过了17年间

de guān cè　tā zhōng yú fā xiàn le tài yáng hēi zǐ
的观测,他终于发现了太阳黑子

biàn huà de zhōu qī yuē　nián
变化的周期约10年。

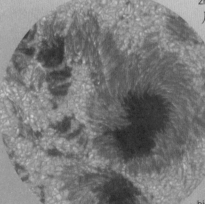

哈勃定律的发现有什么意义？

哈勃定律已被众多的观测事实所证实，并为天文学家所公认，而且在宇宙学研究中起着特别重要的作用。现已应用到类星体或其他特殊星系上。

哈勃定律通常被用来推算遥远星系的距离。

↑ 哈勃

谁发现了冥王星？

⟲ 在罗威尔天文台工作的汤博

1930年1月由克莱德·汤博根据美国天文学家洛韦尔的计算发现，并以罗马神话中的冥王普路托命名。

有意思的是，它曾经是太阳系九大行星之一，但后来被降格为矮行星。

从月球上看冥王星及卫星卡戎

 在深邃浩渺的宇宙中，宇宙射线就像漂泊的流浪者，穿行在千奇百怪的天体间。

yǔ zhòu shè xiàn shì shuí fā xiàn de
宇宙射线是谁发现的？

nián dé guó kē xué jiā wéi
1912年，德国科学家维

kè tuō fú lǎng xī sī hè sī zài
克托·弗朗西斯·赫斯在

cè dìng kōng qì diàn lí dù de shí yàn
测定空气电离度的实验

zhōng fā xiàn diàn lí shì nèi de diàn liú
中，发现电离室内的电流

suí hǎi bá shēng gāo ér biàn dà rèn dìng
随海拔升高而变大，认定

维克托·弗朗西斯·赫斯正在教学生做实验。

diàn liú shì lái zì dì qiú yǐ wài de yì zhǒng chuān tòu xìng jí qiáng de shè xiàn
电流是来自地球以外的一种 穿透性极强的射线

suǒ chǎn shēng de yú shì yǒu rén wèi zhī qǔ míng wéi yǔ zhòu shè xiàn
所产生的，于是有人为之取名为"宇宙射线"。

宇宙大爆炸理论是谁提出来的？

宇宙大爆炸是一种设想：大约在150亿年前，宇宙所有的物质都高度密集在一点，发生了巨大的爆炸。

大爆炸以后，物质开始向外扩大膨胀，形成了今天我们看到的宇宙。

比利时牧师、物理学家乔治·勒梅特首先提出了大爆炸理论。

乔治·勒梅特

大陆漂移说是谁提出来的？

劳亚古陆和冈瓦纳古陆

大陆漂移学说最初由奥特利乌斯在1596年提出，后来德国科学家阿尔弗雷德·魏格纳在1912年加以阐述。这个大

阿尔弗雷德·魏格纳

胆的学说一直被学界忽视，直至

1.35亿年前，大西洋已经张开。

1000万年前，大西洋扩大了许多，地球上的几大洲初步形成。

大约在1.8亿年前，联合古陆开始分裂。

1960年海洋扩张说出现，令大陆漂移说得以发展，后来更阐述为板块构造理论。

大陆的漂移过程

23

发明发现之谜

你知道世界上最早的地图吗？

《巴比伦世界地图》是现今所知人类文明史上最早的世界地图，它的主要目的是要直观地表现整个世界的全貌。虽然地图画得非常粗糙，比例严重失真，但它是古巴比伦人

《巴比伦世界地图》

努力认识世界的产物，是人类文明的辉煌结晶。

司南是谁发明的？

最早的指南针——司南

目前的司南模型是由我国著名科技史学家王振铎根据《论衡》中的记载，考证并复原的。司南由青铜盘和天然磁体制成的磁勺组成，青铜盘上刻有24向，置磁勺于盘中心圆面上，静止时，勺尾指向为南。

24

指南鱼是谁发明的？

指南鱼用一块薄薄的钢片做成，形状很像一条鱼。钢片做成的鱼没有磁性，所以没有指南的作用。如果要它指南，还必须再用人工传磁的办法，使它变成磁铁，具有磁性。根据现有的史料记载，它的发明者是西周的包士坚。

指南鱼

浑天仪是谁发明的？

浑天仪是我国汉代科学家张衡发明的。浑天仪是浑仪和浑象的总称。浑仪是测量天体球面坐标的一种仪器，而浑象是古代用来演示天象的仪表。西方的浑天仪最早由埃拉托色尼于公元前255年发明。

浑天仪

25

地动仪是谁发明的？

汉代科学家张衡发明了地动仪。因为当时地震比较频繁，为了掌握全国地震动态，张衡经过长年研究，终于在公元132年发明了候风地动仪——世界上第一架地震仪。

◆ 张衡和候风地动仪

好望角是谁发现的？

葡萄牙探险家迪亚士。"好望角"的意思是"美好希望的海角"，但最初却称"风暴角"。它是位于非洲西南端的非常著名的岬角。好望角是世界航线上著名的风浪区，经常有船只在此遇上风暴沉没。

◆ 好望角

自然奥秘

 美洲大陆是谁发现的？

哥伦布在 1492 年到 1502 年间四次横渡大西洋，到达美洲大陆，他也因此成为了名垂青史的航海家。自幼热爱航海冒险的他读过《马可·波罗游记》，十分向往印度和中国。但在他之前，有非洲人和中国人都曾到过美洲大陆。

1492 年 10 月，哥伦布率探险队在圣萨尔瓦多岛登陆，欧洲人第一次踏上美洲大地，揭开了历史的新篇章。

 欧印航线是谁开辟的？

瓦斯科·达伽马是 15 世纪末和 16 世纪初葡萄牙航海家，也是开拓了从欧洲绕过好望角通往印度的地理大发现家。由于他实现了从西欧经海路抵达印度这一创举而驰名世界，于是被永远载入史册！

达伽马在海上历尽千辛万苦，航行了近四个月，终于到了与好望角毗邻的圣赫勒章湾。

27

shuí shǒu cì jìn xíng le huán qiú háng xíng
谁首次进行了环球航行？

pú táo yá tàn xiǎn jiā fěi dí nán · mài
葡萄牙探险家斐迪南·麦

zhé lún shǒu cì jìn xíng le huán qiú háng xíng
哲伦首次进行了环球航行。

nián mài zhé lún shuài lǐng chuán duì
1519—1521年麦哲伦率领船队

shǒu cì huán háng dì qiú hòu lái tā sǐ yú fēi
首次环航地球，后来他死于菲

lǜ bīn de bù zú chōng tū zhōng suī rán tā
律宾的部族冲突中。虽然他

斐迪南·麦哲伦

méi yǒu qīn zì huán qiú tā chuán shang de shuǐ shǒu zài tā sǐ hòu jì xù xiàng
没有亲自环球，他船 上的水手在他死后继续向

维他斯·白令

xī háng xíng huí dào ōu zhōu
西航行，回到欧洲。

bái lìng hǎi xiá shì shuí fā xiàn de
白令海峡是谁发现的？

bái lìng hǎi xiá wèi yú yà zhōu zuì dōng diǎn de dié rì
白令海峡位于亚洲最东点的迭日

niè fū jiǎo hé měi zhōu zuì xī diǎn de wēi ěr shì wáng zǐ jiǎo
涅夫角和美洲最西点的威尔士王子角

zhī jiān tā de míng zi lái zì dān
之间，它的名字来自丹

mài tàn xiǎn jiā de wéi tā sī
麦探险家的维他斯·

bái lìng tā zài nián é guó
白令，他在1728年俄国

jūn duì rèn zhí shí hou chuān guò bái
军队任职时候穿过白

lìng hǎi xiá shì dì yī gè chuān guò
令海峡，是第一个穿过

běi jí quān de rén
北极圈的人。

白令海峡

南极大陆是谁发现的？

企鹅是南极的象征。

1820年1月，俄国极地探险家别林斯高晋和拉扎列夫一起进入了南极圈。同年11月，两艘船再次向南极进军，南极大陆首次展现在世人眼前。但美国人认

别林斯高晋和拉扎列夫

为南极大陆是美国"哈罗"号船长巴梅尔发现的。目前还没有人有足够的证据能证明自己是对的。

本初子午线是什么时候确定的？

从格林尼治天文台射出的激光标志着本初子午线。

1884年国际会议决定用通过英国格林尼治天文台子午仪中心的经线为本初子午线。1957年后，格林尼治天文台迁移台址。1968年国际上以国际协议原点作为地极原点，经度起点实际上不变。

shuí dì yī gè héng kuà běi bīng yáng
谁第一个横跨北冰洋？

北冰洋

1968 年 2 月 21 日，由沃利·赫伯特率领的 4 人组成的英国横跨北极探险队，从美国阿拉斯加州的最北端巴罗角出发，经过整整

❶ 沃利·赫伯特

464 天，于 1969 年 5 月 29 日到达挪威的斯瓦尔巴德东北部的七岛群岛，全部行程达 5 825 千米，成为第一个横跨北冰洋的探险队。

ān hè ěr pù bù shì shuí fā xiàn de
安赫尔瀑布是谁发现的？

1935 年，西班牙人卡多纳首次发现了原本只有本地印第安人才知晓的丘伦梅鲁瀑布。1937 年，美国探险家詹姆斯·安赫尔在空中对瀑布进行考察时坠机，为纪念他，委内瑞拉政府将瀑布以"安赫尔"命名。

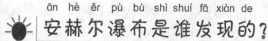
❶ 詹姆斯·安赫尔驾驶飞机在空中对瀑布进行考察。

温室效应是谁最早提出的？

全球变暖的概念是美国气象学家詹姆斯·汉森于1988年6月在参众两院的听证会上最早提出的，当时他预测未来10年内全球气温会上升

詹姆斯·汉森

0.35℃。气候变暖的确是被越来越多的观测、研究所证实，但并非全球所有地区都在变暖。

厄尔尼诺的名字是怎么来的？

19世纪初，在南美洲的厄瓜多尔等国家的渔民们发现，每隔几年，从10月至第二年的3月便会出现一股沿海岸南移的暖流，性喜冷水的鱼类就会大量死亡，使渔民们遭受灭顶之灾。在科学上此词语用于表示在秘鲁和厄瓜多尔附近几千千米的东太平洋海面温度的异常增暖现象。

厄尔尼诺导致
鱼类大量死亡。

 神奇理化 >>>

算盘是什么时候出现的？红外线是谁发现的？电磁感应是谁发现的？X射线是谁发现的？还有，"居里夫人"都有哪些伟大的成就呢？好好读读吧，说不定等你弄清楚这些问题，就会立志长大了要做一个科学家呢！

suàn pán shì shén me shí hou chū xiàn de
算盘是什么时候出现的？

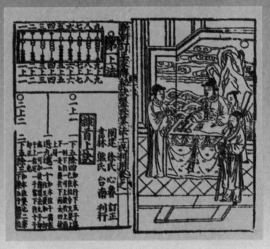

明朝万历初年《盘珠算法》中的明式算盘，上一子，下五子。

gōngyuánqián nián yǒu yī zhǒng gōng jù
公元前600年，有一种工具

jiào suànpán gǔ rén yǐ gè suànzhū chuān chéng
叫算盘。古人以10个算珠穿成

yī chuàn yī zǔ zǔ de pái liè hǎo fàng rù kuàng
一串，一组组地排列好，放入框

nèi rán hòu xùn sù de bō dòng suànzhū jìn xíng jì
内，然后迅速的拨动算珠进行计

suàn zài qīngmíng shàng hé tú zhōng zhào tài
算。在《清明上河图》中，赵泰

chéng shāng diàn de guì tái shang jiù fàng zhe yī bǎ
成商店的柜台上就放着一把

suànpán tā hé wǒ men xiàn zài shǐ yòng de jī běn yī yàng dào le yuán
算盘。它和我们现在使用的基本一样。到了元

dài zài yī xiē xiǎoshuō zá wén zhōng dōu yòng suànpán zhū yòng yú bǐ yù
代，在一些小说、杂文中都用算盘珠用于比喻。

gōu gǔ dìng lǐ shì shuí fā xiàn de
勾股定理是谁发现的？

zài gōngyuánqián duō nián zhōngguó gǔ dài
在公元前1000多年，中国古代

shù xué jiā céng kǒu shù guò gōu gǔ dìng lǐ de de yuán
数学家曾口述过勾股定理的的原

lǐ gōngyuánqián zhì shì jì zhōngguó xué zhě chén
理。公元前7至6世纪中国学者陈

zǐ yě céng tí chū zhè yī yuán lǐ zài chén zǐ hòu
子也曾提出这一原理。在陈子后

yī èr bǎi nián xī là de zhù míng shù xué jiā bì
一二百年，希腊的著名数学家毕

 毕达哥拉斯

dá gē lā sī fā xiàn le zhè ge dìng lǐ yīn cǐ shì jiè shang xǔ duō guó jiā
达哥拉斯发现了这个定理，因此世界上许多国家

dōu chēng gōu gǔ dìng lǐ wéi bì dá gē lā sī dìng lǐ
都称勾股定理为"毕达哥拉斯"定理。

浮力定律是谁发现的？

浮力定律是由阿基米德发现的。阿基米德是古希腊杰出的数学和力学奠基人，自幼聪颖好学，是一位观察思考并重，理论与实践相结合的科学家。他对待科学研究的态度是勇于革新、勇于创造而又严肃认真的。

阿基米德在洗澡时发现了浮力定律。

自由落体定律是谁发现的？

1590年，伽利略在比萨斜塔上做了"两个铁球同时落地"的实验，得出了重量不同的两个铁球同时下落的结论。伽利略通过反复的实验，认为如果不计空气阻力，轻重物体的自由下落速度是相同的，即重力加速度的大小都是相同的。

伽利略在比萨斜塔上的"两个铁球同时落地"实验。

谁发现了大气压？

1654年格里克在德国马德堡做了著名的马德堡半球实验，有力的证明了大气压强的存在，这让人们对大气压有了深刻的认识，但大气压到底有多大，人们还不清楚。托里拆利是具体计算出大气压值的人。

托里拆利通过实验，证实了大气压的存在。

1649—1651年，帕斯卡同他的合作者皮埃尔详细测量同一地点的大气压变化情况，成为利用气压计进行天气预报的先驱。

帕斯卡定律是谁发现的？

帕斯卡研究了液体静力学和空气的重力的各种效应，经过数年的观察、实验和思考，综合成《论液体的平衡和空气的重力》一书，提出了著名的帕斯卡定律（或称帕斯卡原理），即加在密闭液体任何一部分上的压强，必然按照其原来的大小由液体向各个方向传递。

万有引力是谁发现的？

万有引力是牛顿在公元1666年发现的。那时牛顿坐在一棵苹果树下，恰好一个熟透了的苹果掉落砸到他的头，让他产生为什么苹果是朝下落而不是向上飞的疑问，后来经过多次的研究，得出了万有引力定律。

牛顿因苹果从树上坠落而产生有关万有引力的灵感。

红外线是谁发现的？

威廉·赫歇尔检测红外线的实验。

红外线由德国科学家威廉·赫歇尔于1800年发现，又称为红外热辐射。他将太阳光用三棱镜分解开，在各种不同颜色的色带位置上放置了温度计，试图测量各种颜色的光的加热效应。结果发现，位于红光外侧的那支温度计升温最快。因此得到结论：太阳光谱中，红光的外侧必定存在看不见的光线，这就是红外线。

紫外线是谁发现的？

紫外线是由德国科学家约翰·威廉·里特发现的。紫外线是电磁波的一种，原子中的电子从高能阶跳到低能阶时，会把多余能量以电磁波释出。电磁波的能量越强，则频率越高，波长越短。这一发现造就了他巨大的成就。

約翰·威廉·里特

单摆等时性是谁发现的？

伽利略发现一位修理工人不经意触动了教堂中的大吊灯，使它来回摆动。这引起了他的注意和兴趣。后来他发现，吊灯来回摆动一次需要的时间与摆动幅度的大小无关。这就是伽利略最初的发现。

1582年，18岁的伽利略经过长久的观察教堂内摇晃的吊灯和数学推算，得到了摆的等时性定律。

雷电能够被捕捉吗？
léi diàn néng gòu bèi bǔ zhuō ma

富兰克林和他的儿子用风筝做实验。

美国科学家富兰克林和他的儿子威廉曾做
měi guó kē xué jiā fù lán kè lín hé tā de ér zi wēi lián céng zuò

过这个实验，并且证明了天上的雷电与人工摩
guò zhè ge shí yàn bìng qiě zhèng míng le tiān shàng de léi diàn yǔ rén gōng mó

擦产生的电具有完全相同的性质。想要收集雷
cā chǎn shēng de diàn jù yǒu wán quán xiāng tóng de xìng zhì xiǎng yào shōu jí léi

电能量，首先要解决的问题是雷电能量"容器"
diàn néng liàng shǒu xiān yào jiě jué de wèn tí shì léi diàn néng liàng róng qì

必须有足够抗雷击的能力。
bì xū yǒu zú gòu kàng léi jī de néng lì

在1820年的一次实验中，奥斯特意外地发现载流导线的电流会作用于磁针，使磁针改变方向。

电流磁效应是谁发现的？
diàn liú cí xiào yīng shì shuí fā xiàn de

电流磁效应是丹麦的物理学家奥斯特。他
diàn liú cí xiào yīng shì dān mài de wù lǐ xué jiā ào sī tè tā

是在给学生上课的时候偶然发现的，当时他
shì zài gěi xué shēng shàng kè de shí hou ǒu rán fā xiàn de dāng shí tā

在一个大磁针的上方与之平行地拉上一根导
zài yī gè dà cí zhēn de shàng fāng yǔ zhī píng xíng de lā shàng yī gēn dǎo

线，当给导线通电时，发现大磁针发生了转动，
xiàn dāng gěi dǎo xiàn tōng diàn shí fā xiàn dà cí zhēn fā shēng le zhuàn dòng

后来他又多次实验，终于发现了电流的磁效应。
hòu lái tā yòu duō cì shí yàn zhōng yú fā xiàn le diàn liú de cí xiào yīng

电磁感应是谁发现的？

从1820年电流的磁效应，直到1831年，法拉第整整耗费了10年时间，经过无数次反复的研

在电磁学讲座中的法拉第。

究实验，终于发现了电磁感应现象，于1831年秋季的一天确定了电磁感应的基本定律，取得了磁感应生电的重大突破。

电磁波是谁发现的？

1864年，英国科学家麦克斯韦在总结前人研究电磁现象的基础上，建立了完整的电磁波理论。他断定电磁波的存在，推导出电磁波与光具有同样的传播速度。1887年德国物理学家赫兹用实验证实了电磁波的存在。

赫兹

电子是谁发现的？

1897年4月30日，英国《泰晤士报》发了一则专电：剑桥大学物理学教授汤姆逊，发现了一种亚原子粒子，他称它为"微粒子"。约瑟夫·约翰·汤姆逊所发现的"微粒子"，就是现在的电子，它是人类发现的第一个基本粒子。

汤姆逊

激光是谁发明的？

1958年，美国科学家阿瑟·肖洛和查尔斯·汤斯发现了一种神奇的现象：当他们将氖光灯泡所发射的光照在一种稀土晶体上时，晶体的分子会发出鲜艳的、始终会聚在一起的强光。根据这一现象，他们提出了"激光原理"。

查尔斯·汤斯

阿瑟·肖洛

41

X射线是谁发现的？

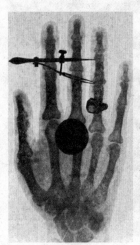

⬆ 伦琴夫人手部的X光照片曾引起世界科学家的轰动，掀起研究X射线的全球性热潮。

⬆ 伦琴

伦琴在1895年11月做真空管放电实验时，发现了一种新的射线现象并称之为"X射线"，随后专门对此作了系列钻研，并在同年12月宣布，后来以此确定"X射线"为伦琴发现，并命名为"伦琴射线"。

放射线有什么价值？

⬇ 今天，人们将X射线运用于医学领域。

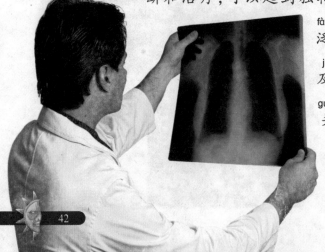

医院使用射线常常用于人体某些疾病的诊断和治疗，可以起到独特的效果。同时，它也广泛地应用于工农业、科研及国防建设等领域。我们关键是要做到科学地使用，严格地加强防护，从而使人体免受其危害。

钋元素和镭元素是谁发现的？

钋元素和镭元素是居里夫人发现的。1898年，居里夫妇对这种现象提出了一个逻辑的推断：沥青铀矿石中必定含有某种未知的放射成分，其放射性远远大于铀的放射性。1898年7月和12月先后发现两种新元素。为了纪念她的祖国波兰，她将一种元素命名为钋，另一种元素命名为镭。

居里夫妇合作取得的成就对世界科学发展作出了杰出贡献。

溴元素是谁发现的？

1824年，法国的安东尼·巴拉尔把氯气弄到废海盐母液里，获得了溴。盐卤和海水是提取溴的主要来源。从制盐工业的废盐汁直接电解可得。

 安东尼·巴拉尔

磷元素是谁发现的？

何尼格·布兰德发现磷

1669年，德国的何尼格·布兰德在蒸发人尿的过程中，意外地发现一种像白蜡一样的物质，在黑暗的小屋里发出蓝绿色的火光。而且这种火不发热，不引燃其他物质，是一种冷光。于是，他就以"冷光"的意思命名这种新发现的物质为"磷"。

碘元素是谁发现的？

碘是在1811年为从事制硝业的法国人库尔特瓦所发现。当时曾把海藻灰浸渍出的海藻盐汁加热蒸发，首先析出食盐，随后依次结晶出氯化钾和硫酸钾等。这种新的元素到1814年被命名为碘，即"紫色"之意。

碘是人体最重要的元素之一，在日常饮食中，我们都提倡吃碘盐。

氯是气体吗？

在常温下，氯气是一种 黄绿色、刺激性气味、有毒的气体。氯单质的沸点为零下34.4℃，熔点为零下101.5℃。氯气可溶于水和碱性溶液，易溶于二硫化碳和四氯化碳等有机溶剂，饱和时1体积水溶解2体积氯气。

1774年，瑞典化学家卡尔·威廉·舍勒通过实验制得氯气。

氮气是谁发现的？

发现氮气的是近代化学之父，法国的化学家拉瓦锡。1772年，拉瓦锡称量了一定质量的白磷，将其点燃，燃烧过后，他发现燃烧后的产物的质量居然比燃烧前的白磷质量还大，由此发现了氮气的存在。

拉瓦锡和他的夫人

45

氧气是谁发现的？
yǎng qì shì shuí fā xiàn de

⊙ 普利斯特里

yīng guó huà xué jiā pǔ lǐ sī tè lǐ jì chéng le běn guó
英国化学家普里斯特里继承了本国

xiān bèi fā míng chuàng zào de shí yàn jì shù chéng gōng tí qǔ chū le
先辈发明 创造的实验技术成 功提取出了

yǎng qì bìng yīn cǐ ér bèi chēng wéi qì tǐ huà xué zhī fù
氧气，并因此而被称为"气体化学之父"。

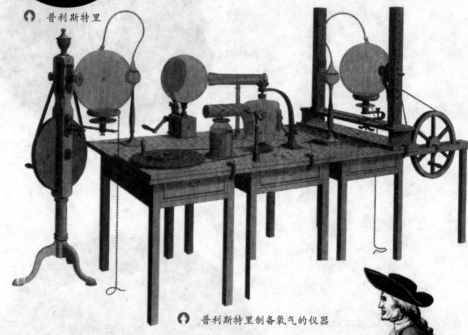

⊙ 普利斯特里制备氧气的仪器

氢气是谁发现的？
qīng qì shì shuí fā xiàn de

nián yóu kǎ wén dí xǔ zài yīng guó fā xiàn   zài huà xué shǐ
1766 年由卡文迪许在英国发现。在化学史

shang rén men bǎ qīng yuán sù de fā xiàn yǔ   fā xiàn hé zhèng míng le shuǐ
上，人们把氢元素的发现与"发现和证 明了水

shì qīng hé yǎng de huà hé wù ér fēi yuán sù   zhè liǎng xiàng zhòng dà chéng
是氢和氧的化合物而非元素"这两项 重大成

jiù   zhǔ yào guī gōng yú yīng guó huà xué jiā hé wù lǐ xué jiā kǎ wén dí xǔ
就，主要归功于英国化学家和物理学家卡文迪许。

⊙ 卡文迪许

46

笑气是什么气？

xiào qì shì shén me qì

yǎnghuà èr dàn wú sè yǒu tián wèi qì tǐ
氧化二氮，无色有甜味气体，

yòuchēngxiào qì shì yī zhǒngyǎnghuà jì yǒu qīng
又称笑气，是一种氧化剂，有轻

wēi má zuì zuòyòng bìngnéng zhì rén fā xiào qí má
微麻醉作用，并能致人发笑，其麻

zuì zuòyòng yú nián yóu yīng guó huà xué jiā hàn
醉作用于1799年由英国化学家汉

fú lái dài wéi fā xiàn gāi qì tǐ zǎo qī bèi
弗莱·戴维发现。该气体早期被

yòng yú yá kē shǒushù de má zuì
用于牙科手术的麻醉。

正在和助手一起做化学实验的戴维。

元素周期律是谁发明的？

yuán sù zhōu qī lù shì shuí fā míng de

yuán sù zhōu qī lǜ shì é guó de mén jié liè fū fā míng de zhè
元素周期律是俄国的门捷列夫发明的。这

yī fā xiàn zài shì jiè shang liú xià le bù xiǔ de guāngróng rén men gěi
一发现在世界上留下了不朽的光荣，人们给

tā yǐ hěn gāo de píng jià ēn gé sī zài zì rán biànzhèng fǎ yī
他以很高的评价。恩格斯在《自然辩证法》一

shū zhōng céng jīng zhǐ chū
书中曾经指出：

门捷列夫和元素周期表

mén jié liè fū bù zì jué
门捷列夫不自觉

de yīng yòng hēi gé ěr de
地应用黑格尔的

liàngzhuǎnhuà wéi zhì de guī
量转化为质的规

lù wánchéng le kē xué
律，完成了科学

shang de yī gè xūn yè
上的一个勋业。

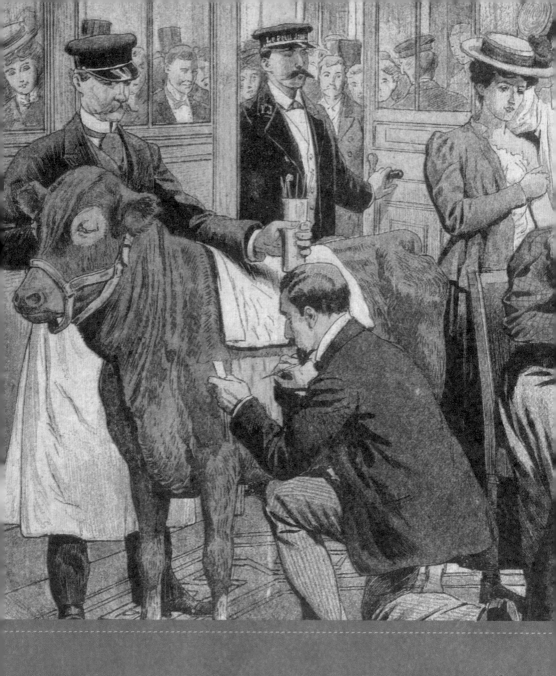

生命奇迹 >>>

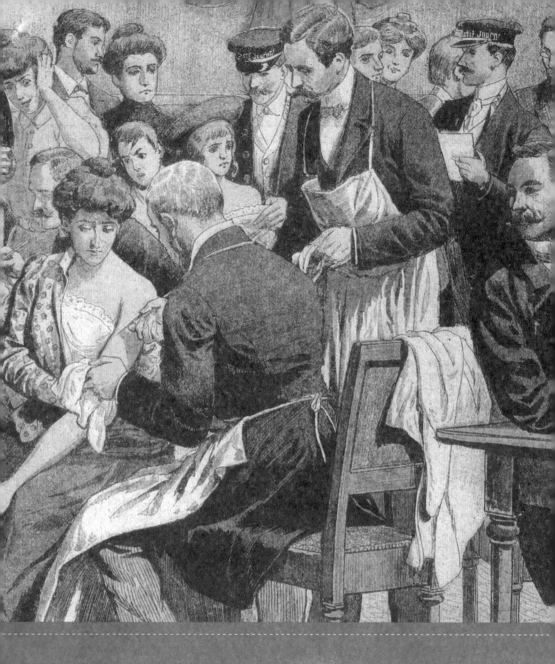

　　小朋友,早就听说过疯牛病了吧? 你知道那是
怎么一回事吗? 牛为什么会疯呢? 猫会疯吗? 你
知道做手术的时候,为什么打了麻药就不疼了吗?
那最初的麻药是谁发明的呢? 这些关于生命的非
常有意思的问题,你会在这一章节里,找到答案。

谁开创了生物进化论？

英国生物学家达尔文创立了生物进化论。他运用大量地质学、古生物学、比较解剖学、胚胎学等方面的材料，特别是他在环球航行期间以及研究家养动植物时所获得的资料，揭示了自然选择是生物进化的主要动因。

达尔文在 1871 年发表《人类起源》时，将人与满身是毛的猴子联系起来。当时人们对此很难接受，作漫画以讽刺达尔文的论述。

 从古猿到现代人的演变

深海生物是谁发现的？

1872—1876 年，英国"挑战者"号获得了一批深海生物样品，确证深海存在生物。此后，欧美一些国家相继开展深海生物调查，美国于1930年用潜水球进行生态观察，到20世纪中期已积累了许多有关深海生物的形态、分类和分布的研究资料。

英国"挑战者"号科学考察船

谁发现了遗传的奥秘？

孟德尔是遗传学杰出的奠基人，他揭示出遗传学的两个基本定律——分离定律和自由组合定律，统称为孟德尔遗传规律。是遗传学中最基本、最重要的规律，后来发现的许多遗传学规律都是在它们的基础上产生并建立起来的。

🌱 奥地利人孟德尔通过8年的豌豆实验，于1865年发现了遗传定律。

什么是DNA？

DNA是一种分子，可组成遗传指令可比喻为"蓝图"或"食谱"。DNA是1944年由美国人奥斯瓦尔德·埃弗里发现的；1985年莱斯特大学的亚历克·杰弗里斯教授又发明利用DNA对人体进行鉴别的办法；1994年7月29日，法国法律规定了使用基因标记的条件。

🌙 奥斯瓦尔德·埃弗里和基因片段

谁发现了DNA？
shuí fā xiàn le

沃森、克里克（右）和DNA模型

DNA 是 1944 年由美国人埃弗里发现的，1953 年克里克教授绘制出DNA的双螺旋线结构图。1985 年莱斯特大学的亚历克·杰弗里斯教授又发明利用DNA 对人体进行鉴别的办法，1994 年 7月 29 日，法国法律规定了使用基因标记的条件。

谁发现了细胞？
shuí fā xiàn le xì bāo

罗伯特·胡克

细胞是由英国科学家罗伯特·胡克于 1665 年发现的。虽然他观察到的细胞早已死亡，后世的科学家仍认为其功不可没，一般而言还是将他当作发现细胞的第一人。而事实上真正首先发现活细胞的，还是荷兰生物学家雷文霍克。

谁提出了细胞学说？

shuí tí chū le xì bāo xué shuō

细胞学说是 1838—1839 年间由德国植
物学家施莱登和动物学家施旺所提
出，直到 1858 年才较完善。它是关
于生物有机体组成的学说。细胞学说论
证了整个生物界在结构上的统一性，以及
在进化上的共同起源。

狗是怎么进化来的？

gǒu shì zěn me jìn huà lái de

狗祖先是亚洲狼。美国犬类研究学
院的林奇和弗雷德哈钦森癌症中心的马
代奥两位科学家，分析了不同品
种狗的历史记录，比较了各种狗的
基因异同后指出，现代狗基本上可
分为十大类，但全都源自
同一祖先——约 1.5 万
年前的亚洲狼。

○ 施莱登和施旺

⊂ 狗

牛

牛为什么会疯？

是痒病传到牛身上所致。牛的感染过程通常是：被疯牛病病原体感染的肉和骨髓制成的饲料被牛食用后，经胃肠消化吸收，经过血液到大脑，破坏大脑，使失去功能呈海绵状，导致疯牛病。

病毒为什么攻击人类？

H1N1 病毒

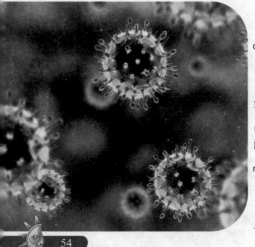

病毒同所有生物一样，具有遗传、变异、进化的能力，遇到宿主细胞它会通过吸附、进入、复制、装配、释放子代病毒而显示典型的生命体特征，所以病毒是介于生物与非生物的一种原始的生命体。

病毒是谁发现的？
bìng dú shì shuí fā xiàn de

1898年，荷兰细菌学家马丁乌斯·贝杰林克发现病毒。病毒能增殖、遗传和演化，因而具有生命最基本的特征，但至今对它还没有公认的定义。最初用来识别病毒的性状。

⊙ 马丁乌斯·贝杰林克

什么是埃博拉病毒？
shén me shì āi bó lā bìng dú

埃博拉病毒是引起人类和灵长类动物发生埃博拉出血热的烈性病毒，由此引起的出血热是当今世界上最致命的病毒性出血热。俄罗斯一实验室女科学家因针刺感染而丧命，这一病毒杀手已引起WHO的高度重视。

⊙ 电子显微镜下的埃博拉病毒结构。

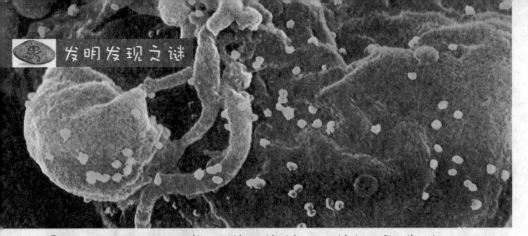

扫描式电子显微镜视野下的HIV-1病毒正从培养出来的淋巴球出芽，准备进一步散布开来。

艾滋病是什么时候发现的？
ài zī bìng shì shén me shí hou fā xiàn de

1983年，人类首次发现HIV。

目前，艾滋病已经从一种致死性疾病变为一种可控的慢性病。但在我国仍有较高的死亡率和致残率，患者也承受着很多痛苦和压力。

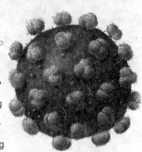

艾滋病病毒

路易斯·巴斯德

病菌是谁发现的？
bìng jūn shì shuí fā xiàn de

1865年，法国生物学教授路易斯·巴斯德通过病蚕和被病蚕吃过的桑叶，在显微镜中发现蚕和桑叶上都有一种椭圆形的微粒。这些微粒能游动，还能迅速地繁殖后代。巴斯德为人类第一次找到了致病的微生物，给它取了个名字，叫"病菌"。

汗水可以抗菌吗？

人的汗水里面含有一种天然抗体，叫做"皮西丁"蛋白，可杀死大肠杆菌、葡萄球菌、鹅口疮酵母菌等有害细菌。杜宾根艾柏哈德大学研究人员发现，这种抗体会自动找"疑似制造皮肤癌"的蛋白质的麻烦，防止癌细胞生成。

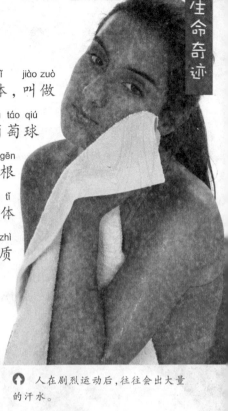

人在剧烈运动后，往往会出大量的汗水。

西方最早记载解剖学的是什么书？

比利时的医生维萨里是近代解剖学的创始人，于1543年出版了《人体的构造》巨著，创立并奠定了人体解剖学的基础。

维萨里

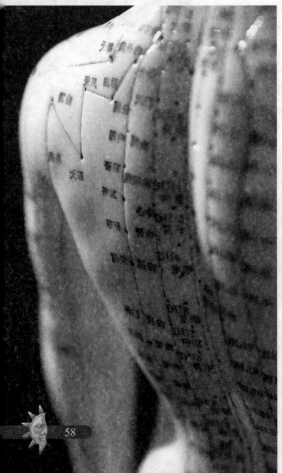

麻醉剂是谁发明的？

最早关于麻醉剂的记载是在《三国演义》：华佗还想用"麻沸散"为曹操治头风病，当时建议曹操服"麻沸散"后剖开头皮切除病根，可惜曹操不相信华佗的本领，反而把华佗杀害了。据后人考证，麻沸散的主要成分可能是曼陀罗花。

华佗

针灸是何时起源的？

传说针灸起源于三皇五帝时期，相传伏羲发明了针灸。而据古代文献《山海经》和《内经》，有用"石箴"刺破痈肿的记载。再根据近年在我国各地所挖出的历史文物来考证，"针灸疗法"的起源就在石器时代。

针灸穴位标注

谁发现了微生物？
shuí fā xiàn le wēi shēng wù

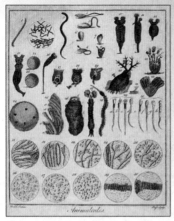

列文虎克观察到的微生物

荷兰的列文虎克用显微镜观察干草剂时发现了微生物。当学徒的生活是很苦的，工资少，工作时间长，但是这些一点也不影响他对知识的渴求。由于勤奋及本人特有的天赋，他首次发现微生物。

谁发现了血型？
shuí fā xiàn le xuè xíng

世界上第一个发现红细胞血型的人是奥地利维也纳大学助教卡尔·兰德施泰纳，那是在1900年。这一划时代的发现，为以后安全输血提供了重要保证，为此，他获得了1930年的诺贝尔奖，并赢得了"血型之父"的美誉。

卡尔·兰德施泰纳为病人输血。

谁发现了血液循环？

17世纪初，英国医生哈维得出结论：心脏里的血液被推出后，一定进入了动脉；而静脉里的血液，一定流回了心脏。动脉与静脉之间的血液是相通的，血液在体内是循环不息的。后来，意大利人马尔比基进一步验证了哈维的血液循环理论。

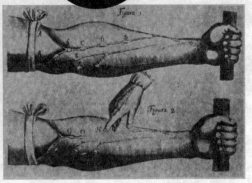

哈维和他在1628年发表的《关于动物心脏与血液运动的解剖研究》书中插图

条件反射是谁发现的？

巴甫洛夫和条件反射示意图

俄国生理学家伊万·巴甫洛夫是最早提出经典性条件反射的人。巴甫洛夫注意到狗在吃食物时淌口水，或者说分泌大量的唾液，唾液分泌是一种本能的反射。较老的狗一看到食物就淌口水，而不必受到食物的刺激，也就是说，单是视觉就可以使狗产生分泌唾液的反应。

1. 狗在看到食物的时候会流口水，这个是非条件反射。

2. 铃响，小狗没有流口水，没有条件反射。

3. 在给出食物的同时，铃响，小狗会流口水，仍是非条件反射。

4. 在条件建立以后，即使没有食物，铃响，小狗也会流口水，这就是条件反射。

天花疫苗是谁发明的？
tiān huā yì miáo shì shuí fā míng de

爱德华·琴纳。1796年，琴纳发现挤牛奶的少女因为从牛身上得到牛痘，所以不会得天花。1798年，琴纳终于又找到了一位牛痘患者。重复实验也获得了成功。琴纳这才发表了自己的研究报告，向全世界宣布，天花是可以征服的。

人们对接种牛痘有所抵触，有人讥笑它会让人像牛一样长出尾巴和犄角。

琴纳接种牛痘

蚊子叮咬吸血时易传播疟疾。

疟疾是什么病？

疟疾是一种由疟原虫造成的，通过以蚊子为主要媒介传播的全球性急性寄生虫传染病。通过蚊子叮咬吸血时传播，多见于夏秋季节。病人大多数发冷发抖，继而出现高热、全身酸痛。接着就是全身大汗、体温很快降至正常，反复周期性发作。

巴氏消毒法是谁发明的？

巴氏消毒法是法国人巴斯德于1865年发明，经后人改进，用于彻底杀灭啤酒、酒、牛奶、血清蛋白等液体中病原体的方法，也是现世界通用的一种牛奶消毒法。

◀ 正在实验室工作的巴斯德

链霉素是谁发明的？

链霉素是一种氨基葡萄糖型抗生素，1943年美国的赛尔曼·A·瓦克斯曼从链霉菌中析离得到，是继青霉素后第二个生产并用于临床的抗生素。它的抗结核杆菌的特效作用，开创了结核病治疗的新纪元。

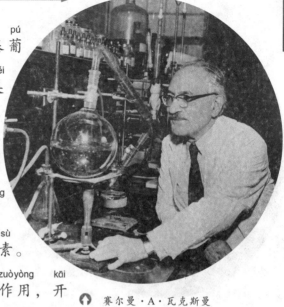

赛尔曼·A·瓦克斯曼

止痛药阿司匹林是谁发明的？

早在1853年夏尔，弗雷德里克·热拉尔就用水杨酸与醋酐合成了乙酰水杨酸，但没能引起人们的重视；1898年德国化学家菲利克斯·霍夫曼又进行了合成，并为他父亲治疗风湿关节炎，疗效极好；1899年由德莱塞介绍到临床，并取名为阿司匹林。

菲利克斯·霍夫曼

细菌"杀手"青霉素是谁发明的？

1928 年英国细菌学家弗莱明首先发现了世界上第一种抗生素——青霉素，1941 年前后英国牛津大学病理学家霍华德·弗洛里与生物化学家钱恩实现对青霉素的分离与纯化，并发现其对传染病的疗效。

🔆 弗莱明

烟草花叶病毒是谁首先发现的？

伊凡诺夫斯基于 1892 年首次证明了这个病害是由滤过性病原体即病毒所引起的。斯坦利认为病原体是蛋白质，并于 1935 年首先从病叶榨汁中分离到病毒状结晶，其以了解到这个蛋白质还含有核酸，并肯定病原就是这个病毒。

🔵 电子显微镜观察到的烟草花叶病毒

海带里面有什么？
hǎi dài lǐ miàn yǒu shén me

🔈 海底的海带

海带生长在海底的岩石上，形状像带子，
hǎi dài shēngzhǎng zài hǎi dǐ de yán shí shang xíngzhuàngxiàng dài zi

含有大量的碘质，可用来提制碘、钾等。中医入药
hán yǒu dà liàng de diǎn zhì kě yòng lái tí zhì diǎn jiǎ děng zhōng yī rù yào

时叫昆布，有"碱性食物之冠"一称。除食用外，海
shí jiào kūn bù yǒu jiǎn xìng shí wù zhī guàn yī chēng chú shí yòngwài hǎi

带还可以制海带酱油、海带酱、味粉，海带还可以加
dài hái kě yǐ zhì hǎi dài jiàngyóu hǎi dài jiàng wèi fěn hǎi dài hái kě yǐ jiā

工成脆片，海带脆片成为新的海洋类休闲食品。
gōngchéng cuì piàn hǎi dài cuì piànchéngwéi xīn de hǎi yáng lèi xiū xián shí pǐn

维生素B₁是谁发现的？
wéi shēng sù shì shuí fā xiàn de

B_1是最早被人们提纯的维生素，1896年
shì zuì zǎo bèi rén men tí chún de wéishēng sù nián

荷兰王国科学家克里斯蒂安·艾克曼首先发
hé lán wángguó kē xué jiā kè lǐ sī dì ān ài kè mànshǒuxiān fā

现，1910年波兰化学家丰克从米糠中提
xiàn nián bō lán huà xué jiā fēng kè cóng mǐ kāngzhōng tí

取和提纯。维生素B_1在酸性环境中比较
qǔ hé tí chún wéishēng sù zài suānxìnghuánjìngzhōng bǐ jiào

稳定，加热不易分解。但在碱性环境中极
wěndìng jiā rè bù yì fēn jiě dàn zài jiǎn xìnghuánjìngzhōng jí

不稳定，而紫外线可使维生素B_1分解。
bù wěndìng ér zǐ wài xiàn kě shǐ wéishēng sù fēn jiě

🔈 克里斯蒂安·艾克曼

fā xiàn yí dǎo sù yǒu shén me zuò yòng
发现胰岛素有什么作用？

yí dǎo sù shì yī zhǒng dàn bái zhì jī sù shì jī tǐ
胰岛素是一种蛋白质激素，是机体

nèi wéi yī jiàng dī xuè táng de jī sù yí dǎo sù cān yù
内唯一降低血糖的激素。胰岛素参与

tiáo jié táng dài xiè kòng zhì xuè táng pínghéng kě yòng
调节糖代谢，控制血糖平衡，可用

yú zhì liáo táng niào bìng nián yuè rì
于治疗糖尿病。1965 年 9 月 17 日，

zhōng guó shǒu cì rén gōng hé chéng le jié jīng niú
中国首次人工合成了结晶牛

yí dǎo sù
胰岛素。

糖尿病人注射胰岛素。

wēn dù jì shì shuí fā míng de
温度计是谁发明的？

nián yóu yì dà lì kē xué jiā jiā lì lüè
1593 年由意大利科学家伽利略

fā míng tā de dì yī zhī wēn dù jì shì yī gēn yī
发明。他的第一只温度计是一根一

duān chǎng kǒu de bō li guǎn lìng yī duān dài yǒu hé tao
端敞口的玻璃管，另一端带有核桃

dà de bō li pào shǐ yòng shí xiān gěi bō li pào jiā
大的玻璃泡。使用时先给玻璃泡加

rè rán hòu bǎ bō li guǎn chā rù shuǐ zhōng suí zhe
热，然后把玻璃管插入水中。随着

wēn dù de biàn huà bō li guǎn zhōng de shuǐ miàn jiù huì
温度的变化，玻璃管中的水面就会

shàng xià yí dòng gēn jù yí dòng de duō shǎo jiù kě yǐ
上下移动，根据移动的多少就可以

pàn dìng wēn dù de biàn huà hé wēn dù de gāo dī
判定温度的变化和温度的高低。

伽利略设计的温度计

注射器是谁发明的？
zhù shè qì shì shuí fā míng de

法国的普拉沃兹是注射器的发明者。
fǎ guó de pǔ lā wò zī shì zhù shè qì de fā míngzhě

他于1853年监制的注射器是用白银制作
tā yú nián jiān zhì de zhù shè qì shì yòng bái yín zhì zuò

的，容量只有1毫升，并有一根带有螺纹
de róngliàng zhǐ yǒu háoshēng bìng yǒu yī gēn dài yǒu luó wén

的活塞棒。直到1857年英国人博伊尔和
de huó sāi bàng zhí dào nián yīng guó rén bó yǐ ěr hé

雷恩才进行了第一次人体试验。
léi ēn cái jìn xíng le dì yī cì rén tǐ shì yàn

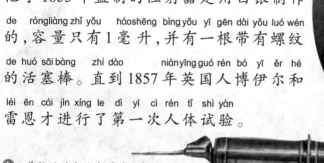

普拉沃兹和他发明的注射器

听诊器是谁发明的？
tīng zhěn qì shì shuí fā míng de

雷纳克用他发明的单耳听诊器为病人看病。

单耳听诊器诞生的年代是
dān ěr tīngzhěn qì dànshēng de nián dài shì

1814年，由法国医生雷纳克发
nián yóu fǎ guó yī shēng léi nà kè fā

明。1840年，英国医师乔治·
míng nián yīng guó yī shī qiáo zhì

菲力普·卡门改良了雷纳克设
fēi lì pǔ kǎ mén gǎi liáng le léi nà kè shè

计的单耳听诊器。1937年，凯尔
jì de dān ěr tīngzhěn qì nián kǎi ěr

再次改良卡门的听诊器，增加
zài cì gǎi liáng kǎ mén de tīngzhěn qì zēng jiā

了第二个可与身体接触的听筒，
le dì èr gè kě yǔ shēn tǐ jiē chù de tīngtǒng

可产生立体音响的效果，称为
kě chǎnshēng lì tǐ yīn xiǎng de xiàoguǒ chēngwéi

复式听诊器。
fù shì tīngzhěn qì

血压计是谁发明的？
xuè yā jì shì shuí fā míng de

1733年，一位叫海耶斯的牧师，首次
nián yī wèi jiào hǎi yē sī de mù shī shǒu cì

测量了动物的血压。1835年，尤利乌斯·
cè liàng le dòng wù de xuè yā   nián yóu lì wū sī

埃里松发明了一个血压计，它把脉搏的搏
āi lǐ sōng fā míng le yī gè xuè yā jì   tā bǎ mài bó de bó

动传递给一个狭窄的水银柱。血
dòng chuán dì gěi yī gè xiá zhǎi de shuǐ yín zhù   xuè

压计根据水银柱的高
yā jì gēn jù shuǐ yín zhù de gāo

度测量血压，气压计
dù cè liáng xuè yā   qì yā jì

以同样的方式测量气压。
yǐ tóng yàng de fāng shì cè liáng qì yā

→ 水银式血压计

心电图是谁发明的？
xīn diàn tú shì shuí fā míng de

荷兰医学家埃因托芬。1900年，埃因托芬把健
hé lán yī xué jiā āi yīn tuō fēn   nián āi yīn tuō fēn bǎ jiàn

康者和心脏病患者的心脏活动电压记录下来加以
kāng zhě hé xīn zàng bìng huàn zhě de xīn zàng huó dòng diàn yā jì lù xià lái jiā yǐ

比较，确认这种方法对临床
bǐ jiào   què rèn zhè zhǒng fāng fǎ duì lín chuáng

医学很有意义。同时，因为
yī xué hěn yǒu yì yì   tóng shí   yīn wèi

发现心电图的机理并发明了
fā xiàn xīn diàn tú de jī lǐ bìng fā míng le

心电图机，埃因托芬于1924
xīn diàn tú jī   āi yīn tuō fēn yú

年获得诺贝尔生理及医学奖。
nián huò dé nuò bèi ěr shēng lǐ jí yī xué jiǎng

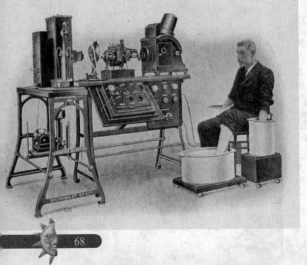

◔ 埃因托芬和他发明的心电图机

CT 扫描仪是谁发明的？

↑ 高弗雷·豪斯费尔德

1967年，英国电子工 程师高弗雷·豪斯费尔德制作了一台能加强X射线放射源的简单的扫描装置，即后来的CT，用于对人的头部进行实验性扫描测量。1972年4月，亨斯费尔德在英国放射学年会上首次公布了这一结果，正式宣告了CT的诞生。

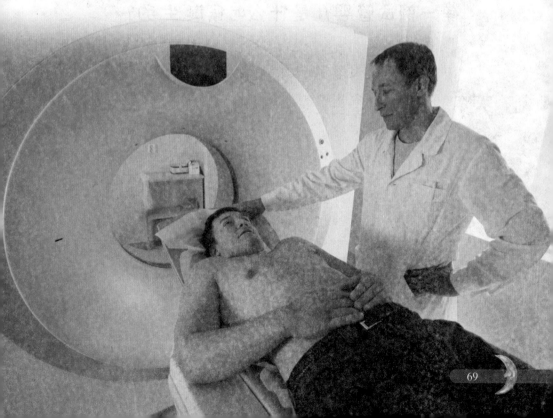

↓ 医学上的CT扫描机

心脏起搏器是谁发明的？

心脏起搏器

美国纽约贝斯—大卫医院胸科医生Hyman经过多年的探索和研究，1932年设计制作了一台由发条驱动的电脉冲发生器，该装置净重达7.2千克，这台发条式脉冲发生器成为人类第一台人工心脏起搏器。

第一例试管婴儿是什么时候诞生的？

1944年，美国人洛克和门金首次进行这方面的尝试。世界上第一个试管婴儿布朗·路易丝于1978年7月25日23时47分在英国的奥尔德姆市医院诞生，此后该项研究发展极为迅速，到1981年已扩展到10多个国家。

刚出时的布朗·路易丝和成年后的布朗·路易丝。

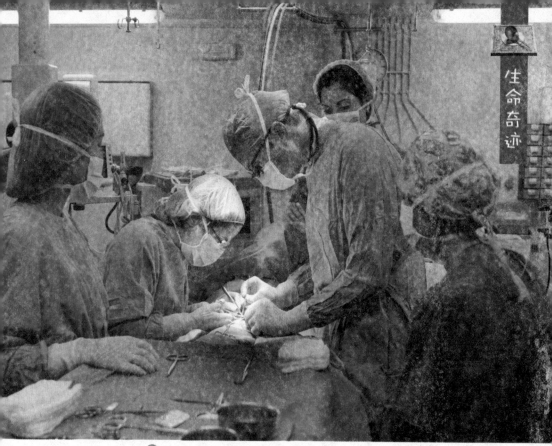

 器官移植是人类攻克疾病的征程中一座屹立的丰碑。

第一例器官移植是谁做的？
dì yī lì qì guān yí zhí shì shuí zuò de

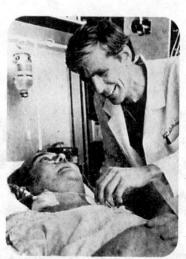

nián yuè rì shì jiè shǒu lì gān xīn
1989 年 12 月 3 日，世界首例肝心

shèn yí zhí chénggōng zhè yī tiān měi guó pǐ zī bǎo dà
肾移植成功。这一天，美国匹兹堡大

xué de yī wèi qì guān yí zhí zhuān jiā jīng guò gè bàn
学的一位器官移植专家，经过 21 个半

xiǎo shí de nǔ lì chénggōng de wèi yī míng huànzhě jìn xíng
小时的努力，成功地为一名患者进行

le shì jiè shǒu lì xīn zàng gānzàng hé shènzàng duō qì guān
了世界首例心脏、肝脏和肾脏多器官

yí zhí shǒushù
移植手术。

1967 年 12 月 21 日，人类首次心脏移植手术成功。

核磁共振仪是谁发明的？

1946 年美国的费利克斯·布洛赫和爱德华·珀塞尔同时提出质子核磁共振的实验报告，他们首先用核磁共振的方法研究了固体物质、原子核

费利克斯·布洛赫和爱德华·珀塞尔

的性质、原子核之间及核周围环境能量交换等问题。为此他们两位获得了1952年诺贝尔物理奖。由于这些成果，核磁共振仪得以问世。

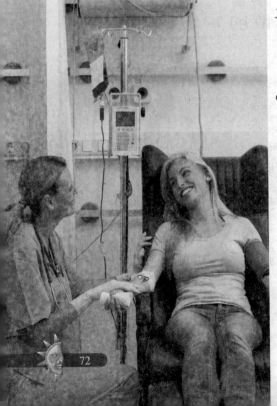

人的血液有替代品吗？

1966 年，美国科学家克拉克成功地研制出人造血液，代替天然血液用于抢救病人。由于人造血液是白色的，所以人们称它为"白色血液"。1979 年，人造血液，首次在日本应用于人体单肾脏移植手术，并取得了成功。

输血

有没有人造心脏？

有。人造心脏与人类心脏大小相当，据它的发明者称可以完全替代人类心脏，从而挽救数千患有心脏病患者的生命，人造心脏是指科学家为了挽救越来越多的心脏病患者的生命，而研制出来的一种人造器官。

🔆 人造心脏

你知道克隆羊多莉吗？

🔆 克隆羊多利

1996年7月5日，英国爱丁堡罗斯林研究所利用克隆技术培育出一只小母羊。这是世界上第一只克隆羊。克隆羊多利的诞生，引发了世界范围内关于动物克隆技术的热烈争论，是科学界克隆成就的一大飞跃。

 趣味生活 >>>

你常常会吃到方便面，喝到可口可乐，也常常会嚼着口香糖，可你知道，这些东西都是谁发明的吗？你知道妈妈用的香水，爸爸用的剃须刀是谁制造出来的吗？哈哈，如果知道了的话，一定要好好感谢他们呀，没有他们，爸爸会不会变成长胡子老爷爷呀！

味精是谁发明的？

日本池田菊苗教授在东京大学的化学实验室里，仔细地研究起海带的化学成分来。半年以后，他从海带里提取出一种叫谷氨酸钠的物质。奥秘终于揭开，正是谷氨酸钠大大提高了菜肴的鲜味。于是，池田菊苗把它定名为"味之素"，并获得专利。

池田菊苗

速溶咖啡是谁发明的？

1938年，"雀巢"公司经过8年的努力和研究，制造出世界上第一杯速溶咖啡。他们通过热气喷射器来喷射浓缩咖啡提取物。热使咖啡提取物中的水分蒸发掉，留下干燥的咖啡粒。这种粉末因容易在开水里溶解而成为受大众欢迎的饮料。

咖啡是人类社会流行范围最为广泛的饮料之一。

牙膏是谁发明的？

最早的牙膏是古埃及人发明的。

最早的牙刷由中国皇帝明孝宗于1498年发明。最早的牙膏公司是美国高露洁。最早的含氟牙膏是1945在美国诞生的。洁齿品的使用可追溯到2000—2500年前，希腊人、罗马人、希伯莱人及佛教徒的早期著作中都有使用洁牙剂的记载。

口香糖是谁发明的？

牙膏是日常生活中常用的清洁用品。

1869年，亚当斯生产了第一个以糖胶树胶制成的口香糖商品。口香糖在1906年发明，不过第一类口香糖却太黏了，结果卖不出去，直到1928年，制作口香糖的技术终于有所改进，成功打入市场。首批口香糖是粉红色的，名为"Dubble Bubble"。

77

保温瓶是谁发明的？

美国史丹利是一个充满传奇的品牌，其创始人威廉·史丹利先生在1913年发明了世界上公认的第一支不锈钢保温瓶。后来在二战中曾经服役美国空军，开始了军用飞机上的服役的悠久历史。

↑ 史丹利保温瓶

方便面这一即能快速充饥又富含营养的美味食品越来越受到都市上班族和青少年朋友们的青睐。

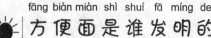

方便面是谁发明的？

1958年，日籍中国人安藤百福由于吃一碗面要排队排很长，所以在大阪府池田市发明了方便面。安藤百福

↑ 安藤百福

在发明方便面后，创立日清食品公司，贩售"鸡汤拉面"口味，最初的售价为35日元。

kě kǒu kě lè shì shuí fā míng de
可口可乐是谁发明的？

1885 美国乔治来州的约翰·彭伯顿
měi guó qiáo zhì lái zhōu de yuē hàn péng bó dùn

医生在地窖中把碳酸水加苏打水搅在一
yī shēng zài dì jiào zhōng bǎ tàn suān shuǐ jiā sū dǎ shuǐ jiǎo zài yī

起，成为一种深色的糖浆。他的合伙人
qǐ chéng wéi yī zhǒng shēn sè de táng jiāng tā de hé huǒ rén

罗宾逊从糖浆的两种成分，激
luó bīn xùn cóng táng jiāng de liǎng zhǒng chéng fèn jī

发出命名的灵感，于是有史以来
fā chū mìng míng de líng gǎn yú shì yǒu shǐ yǐ lái

最成功的软性饮料可口可乐就
zuì chéng gōng de ruǎn xìng yǐn liào kě kǒu kě lè jiù

此诞生了。
cǐ dàn shēng le

约翰·彭伯顿和早期可口可乐宣传
画"花5美分喝可口可乐"。

jìng zi shì shén me shí hou chū xiàn de
镜子是什么时候出现的？

公元前3000年，古埃及人发现把青铜板打
gōng yuán qián nián gǔ āi jí rén fā xiàn bǎ qīng tóng bǎn dǎ

磨光滑后，可以照出人形来。这样，就发明了"青
mó guāng huá hòu kě yǐ zhào chū rén xíng lái zhè yàng jiù fā míng le qīng

铜镜"。1317年，意大利人在
tóng jìng nián yì dà lì rén zài

试制彩色玻璃的过程中，
shì zhì cǎi sè bō li de guò chéng zhōng

偶然发现加入二氧化锰以
ǒu rán fā xiàn jiā rù èr yǎng huà měng yǐ

后，会使混浊的玻璃液变得
hòu huì shǐ hùn zhuó de bō li yè biàn de

清澈，从而发明了透明玻璃。
qīng chè cóng ér fā míng le tòu míng bō li

中国古代的青铜镜尽管工艺精美，打磨得也很
光滑，但看上去依然是晦暗的。

香水受到许多爱美女士的青睐。

香水是谁发明的？

香水的英文 perfume 源自拉丁文中，即经过烟熏的意思。

公元前 2000 年，是西亚的亚述人最先掌握了用草药制造香脂的原始技术。在中东和远东，尤其是古老的埃及和中国，人们也早已学会运用香料的芬芳来实现对美的追求。

眼镜是谁发明的？

眼镜最早出现于 1289 年的意大利佛罗伦萨，一位光学家和一位生活在比萨市的意大利人斯皮纳发明的。美国发明家本杰明·富兰克林，身患近视和远视，1784 年发明了远近视两用眼镜。1825 年，英国天文学家乔治艾利发明了能矫正散光的眼镜。

本杰明·富兰克林

安全剃须刀是谁发明的？

美国人金·坎普·吉列。1902年，经过8年的反复试验开始生产世界上第一批安全剃须刀。1901年，吉列为自己发明的安全剃须刀申请了专利，同时开了世界上第一家经营这种剃须刀的公司。

♦ 金·坎普·吉列和他发明的安全剃须刀

陶瓷是什么时候出现的？

陶和瓷是两种不同的工艺，陶大概出现在河姆渡文明时期，距今约7000—6000年。瓷器是由陶器发展而来的，新石器时代晚期，出现了用瓷土为原料烧制成的硬陶。商周时期发明了玻璃质的釉，这时开始有了瓷器。

➡ 唐三彩是一种盛行于唐代的陶器。图为唐三彩骆驼载乐俑。

🔵 笔是生活中不可缺少的文化用品。

bǐ shì shuí fā míng de
笔是谁发明的？

máo bǐ shì qín cháo dà jiāng méng tián fā míng de   xī fāng zuì zǎo de
毛笔是秦朝大将蒙恬发明的；西方最早的

gāng bǐ shì yóu yīng guó rén xī fēi lì yú   shì jì chū fā míng de   zhōng
钢笔是由英国人犀飞利于19世纪初发明的；中

xìng bǐ shì rì běn rén fā míng de   zhōng xìng bǐ shū xiě de xiào guǒ   zuì jiē
性笔是日本人发明的。中性笔书写的效果，最接

jìn máo bǐ   kě yǐ xiě chū xì zhì de bǐ huà lái   bǐ qǐ gāng bǐ   yuán zhū
近毛笔，可以写出细致的笔画来，比起钢笔、圆珠

bǐ shì yī gè bù xiǎo de jìn bù
笔是一个不小的进步。

shí yòng dǎ zì jī shì shuí fā míng de
实用打字机是谁发明的？

dì yī tái shí yòng jí zhēnzhèng
第一台实用即真正
de dǎ zì jī de fā míng rén shì yī
的打字机的发明人是一
wèi měi guó rén　tā jiào kè lǐ sī tuō
位美国人，他叫克里斯托
fū lā sēn xiào ěr sī
夫·拉森·肖尔斯。19
shì jì nián dài kè lǐ sī tuō
世纪60年代，克里斯托
fū lā sēn xiào ěr sī hé kǎ
夫·拉森·肖尔斯和卡
luò sī gé lì dēngzhèng shì zhì yī
洛斯·格利登正式制一
tái néng zì dòng gěi shū biān yè mǎ de
台能自动给书编页码的
jī qì
机器。

19世纪60年代的一位打字员使用克里斯托夫·拉森·肖尔斯发明的打字机。

dǎ yìn jī shì zěn me fā míng de
打印机是怎么发明的？

盖瑞·斯塔克维

shì jiè shang dì yī tái pēn mò dǎ yìn jī chū
世界上第一台喷墨打印机出
shēng yú nián de gōng sī shì jiè shang
生于1984年的HP公司。世界上
dì yī tái jī guāng dǎ yìn jī shì nián yóu yī
第一台激光打印机是1977年由一
wèi shī lè yán jiū rén yuánjiāng shī lè fù yìn jī gǎi zào
位施乐研究人员将施乐复印机改造
ér chéng fā míng rén gài ruì sī tǎ kè wéi yě yóu
而成。发明人盖瑞·斯塔克维也由
cǐ bèi rén men yù wéi jī guāng dǎ yìn jī zhī fù
此被人们誉为"激光打印机之父"。

即时贴是怎么发明的？

最早的即时贴产生在美国3M公司的一位化学家手里。到了1973年，3M公司的一个胶布新品开发小组，把这种胶涂在常用商标的背面，再在胶液上粘上一张涂了微量蜡的纸片。这样，全球第一张商标纸就诞生了。

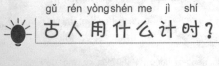

古人用什么计时？

在历史进程中，我们的祖先在不同的时期发明和制造了各种适应当时社会经济发展和人们生活需求的计时器。其中主要有圭表、日晷、漏刻、机械计时器等。除上述几种主要的计时器外，还有其他一些计时方法。如香篆、沙漏、油灯钟、蜡烛钟等。

沙漏

肥皂成为深受妇女喜爱的洗涤用品。

肥皂是什么时候出现的？

据史料记载，最早的肥皂配方起源于西亚的美索不达米亚，也就是在幼发拉底河和底格里斯河之间。大约在公元前3000年的时候，人们便将1份油和5份碱性植物灰混合制成清洁剂。

纸币开始出现在什么时候？

世界上最早的纸币是中国北宋时期四川成都的"交子"，首次在欧洲使用的纸币是1661年由瑞典银行发行的，不过那时发行纸币只是权宜之计，并不是作为真正的货币。1694年，英格兰银行创立，开始发行银单。银单最初是手写的，后来才改为印刷品。

交子

锁是什么时候出现的？

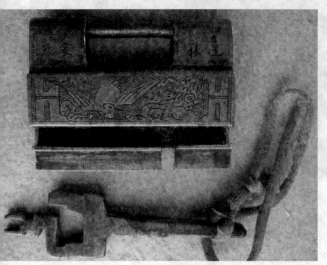

 三簧锁

早在公元前3000年的中国仰韶文化遗址中，就留存有装在木结构框架建筑上的木锁。东汉时，中国铁制三簧锁的技术已具有相当高的水平。三簧锁前后沿用了1000多年。18世纪初由英国人丹尼克·波特发明凸轮转片锁。

抽水马桶是谁发明的？

在女王伊丽莎白一世时代，英国有一位名叫约翰·哈林顿的教士，平时爱好文学，曾因传播一则所谓有伤风化的故事而被判处流放。1584—1591年间，他在流放地凯尔斯顿盖了住房。在那里，他设计出了世界上第一只抽水马桶。

⬆ 抽水马桶

真空吸尘器是谁发明的？

英国工程师赫伯特·布思在1901年制造了第一台有效的真空吸尘器。它有一个汽油发动机，而且是第一台有一个高效的过滤器的真空吸尘器，即它有一块留住污物的滤布，使干净的空气重新回到房间。

早期发明的真空吸尘器有一个十分庞大的吸尘头和灰尘袋，即使对一个男人来说，要操作它也不容易。

缝纫机是谁发明的？

1790年，美国木工托马斯·赛特发首先发明了世界上第一台先打洞、后穿线、缝制皮鞋用的单线链式线迹手摇缝纫机。

1841年，法国裁缝B·蒂莫尼耶发明和制造了机针带钩子的链式线迹缝纫机。1851年，美国工人艾洛克·梅里特·胜家制造出第一台手摇缝纫机。

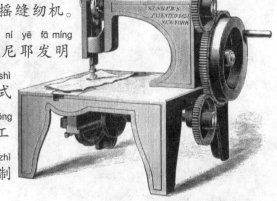

艾洛克·梅里特·胜家的手摇缝纫机

照相机是谁发明的？

达盖尔和他的银版照相机

1839年8月19日法国画家达盖尔公布了他发明的"达盖尔银版摄影术"，于是世界上诞生了第一台可携式木箱照相机。1841年光学家沃哥兰德发明了第一台全金属机身的照相机。该相机安装了世界上第一只由数学计算设计出的摄影镜头。

电池是谁发明的？

最原始的电池是意大利科学家伏打发明的。1800年伏打的第一个电池问世。第二年拿破仑在巴黎看了他的电池表演后，封他为伯爵。后人为了纪念伏打在电学上的贡献，将电压的单位以他的姓氏命名为伏特。

伏打向拿破仑演示他发明的伏打电堆。

电话是谁发明的？

1861年，德国一名教师发明了最原始的电话机，利用声波原理可在短距离互相通话，但无法投入真正的使用，1876年3月7日，英国人贝尔获得发明电话专利。

🔹 1876年，贝尔无意间向话筒喊了一下，结果他的助手听到了声音，这是贝尔电话第一次在实际中获得成功。

录音机是谁发明的？

1898年，丹麦科学家波尔森根据史密斯的理论，研制出了第一台磁性录音机。1900年，巴黎博览会展出了保森发明的磁性录音机。由于这种录音机把声音录在钢丝上，因此，与留声机相比，具有独特的优点。

🔹 波尔森和他研制出的第一台磁性录音机

电灯泡是谁发明的？

👆 手拿灯泡的爱迪生

灯泡是爱迪生发明的。在发明电灯时，攻克电灯的难关是灯泡里的细灯丝，爱迪生用木炭、硬炭、金属铂等做灯丝都失败了。经过无数次的试验和失败，终于在1879年10月21日研制成功一盏炭丝灯。

变压器是谁发明的？

1831年11月24日，法拉第向英国皇家学会报告了他的实验及其发现，从而使法拉第被公认为电磁感应现象的发现者，他成为变压器的发明人。但最早发明变压器的是美国著名科学家亨利。1830年8月实验成功，但没有发表成果。

👆 法拉第

录像机是谁发明的？

lù xiàng jī shì shuí fā míng de

nián yuè lǚ jū yīng guó de é guó kē xué jiā rì qiáo lǔ
1927年1月，旅居英国的俄国科学家日乔鲁
fū tí chū le yǐ diàn cí fāng shì jì lù diàn shì xìn hào fāng shì nián
夫提出了以电磁方式记录电视信号方式。50 年
dài zhōng qī yīng guó guǎng bō gōng sī zhì chéng le diàn zǐ lù xiàng jī
代中期，英国广播公司制成了电子录像机。1956
nián yuè měi guó de ān pān kè sī zài guó jiā guǎng bō xié huì
年4月，美国的安潘克斯在国家广播协会
de nèi bù zhǎn chū le dì yī tái shí yàn xìng de cí dài lù
的内部展出了第一台实验性的磁带录
xiàng jī
像机。

钢琴是谁发明的？

gāng qín shì shuí fā míng de

kè lǐ sī tuō fó lì céng shì yī míng
克里斯托佛利曾是一名
chū sè de yǔ guǎn jiàn qín zhì zuò jiā tā
出色的羽管键琴制作家。他
yú nián zhì chéng shì jiè shang dì yī
于1709年制成世界上第一
jià gāng qín nián dé jí měi guó rén
架钢琴。1855年德籍美国人
sī tǎn wēi zhì chéng le yī jià wán měi de
斯坦威制成了一架完美的
sān jiǎo gāng qín zuì zǎo de lì shì gāng qín
三角钢琴。最早的立式钢琴
yú nián yóu dé guó gǔ gāng qín zhì zuò
于1750年由德国古钢琴制作
jiā fó lǐ dé lǐ xī zhì chéng
家佛里德里西制成。

克里斯托佛利和他发明的钢琴

91

 中世纪欧洲的玻璃制造工厂

玻璃是什么时候出现的？

玻璃最初由火山喷出的酸性岩凝固而得。约公元前3700年前，古埃及人已制出玻璃装饰品和简单玻璃器皿，当时只有有色玻璃，约公元前1000年前，中国制造出无色玻璃。公元12世纪，出现了商品玻璃，并开始成为工业材料。

硫化橡胶是谁发明的？

美国发明家查理·古德伊尔。他把天然橡胶和硫黄放在一起加热，希望能获得一种一年四季在所有温度下都保持干燥且富有弹性的物质。经过不断改进，他终于在1844年发明了橡胶硫化技术。

🔊 查理·古德伊尔

塑料是谁发明的？

🔊 列奥·亨德里克·贝克兰

比利时人列奥·亨德里克·贝克兰在1907年7月14日发明了塑料。1940年5月20日的《时代》周刊则将贝克兰称为"塑料之父"。

在伦敦科学博物馆的展览上，贝克兰的曾孙一手拿着30年代的塑料电话，一手展示着一个用生物可降解塑料制成的手机。

🔊 用塑料制造的玩具成为孩子们的最爱。

93

铝是谁发明的？

汉斯·奥斯特

1808—1810年间英国化学家戴维和瑞典化学家贝齐里乌斯都曾试图从铝钒土中分离出铝，但都没有成功。

经过反复试验，1825年丹麦化学家汉斯·奥斯特终于成功了，并且发表实验制取铝的经过。

不锈钢是谁发明的？

英国冶金专家亨利·布雷尔利。1912年，布雷尔利把铬与钢熔合起来，生产出一种适合于来复枪枪管的合金。1941年他用该材料造出餐刀和

亨利·布雷尔利

餐叉，这种金属以"不锈钢"而出名。

人造纤维尼龙是谁发明的？

美国的华莱士·卡罗瑟斯在1935年2月28日发明的。1938年尼龙正式上市，最早的尼龙制品是尼龙制的刷子和妇女穿的尼龙袜。今天，尼龙纤维是多种人造纤维的原材料，而硬的尼龙也被用在建筑业中。

华莱士·卡罗瑟斯

形状记忆合金是谁发明的？

1932年，瑞典人奥兰德在金镉合金中首次观察到"记忆"效应，即合金的形状被改变之后，一旦加热到一定的跃变温度时，它又可以魔术般地变回到原来的形状。记忆合金被誉为"神奇的功能材料"。

huǒ chái shì shuí fā míng de
火柴是谁发明的?

zuì zǎo de huǒ chái shì yóu zhōng guó rén zài gōng yuán   nián fā míng de
最早的火柴是由中国人在公元577年发明的。

dāng shí zhàn shì sì qǐ   yīn wèi quē shǎo huǒ zhǒng shāo fàn dōu chéng wèn tí   yú
当时战事四起,因为缺少火种,烧饭都成问题,于

shì yī bān gōng nǚ shén qí de fā míng le huǒ chái hòu lái zài mǎ kě
是一班宫女神奇地发明了火柴。后来在马可

bō luó shí qī chuán rù ōu zhōu ōu zhōu rén jiù zài zhè ge jī chǔ
波罗时期传入欧洲,欧洲人就在这个基础

shang fā míng yī dù bèi zhōng guó rén chēng wéi yáng huǒ de xiàn dài huǒ chái
上发明一度被中国人称为"洋火"的现代火柴。

燃烧的火柴

yǔ yī shì shuí fā míng de
雨衣是谁发明的?

yīng guó de gōng rén mài jīn dù sī   yī tiān mài jīn dù sī bù xiǎo
英国的工人麦金杜斯。一天麦金杜斯不小

xīn bǎ xiàng jiāo róng yè dī dào le yī fu shang bù jiǔ mài jīn dù sī fā
心把橡胶溶液滴到了衣服上。不久,麦金杜斯发

xiàn zhè jiàn yī fu shang tú le xiàng jiāo de dì fang bù tòu shuǐ yú shì
现:这件衣服上涂了橡胶的地方不透水。于是,

进入 20 世纪
后,塑料和各种防
水布料的出现,使
雨衣的款式和色彩
变得日益丰富了。

tā líng jī yī dòng suǒ xìng jiāng zhěng jiàn yī fu dōu tú shang xiàng jiāo zhì
他灵机一动,索性将整件衣服都涂上橡胶,制

chéng le yī jiàn néng dǎng yǔ shuǐ
成了一件能挡雨水

de yī fu
的衣服。

假牙是什么时候出现的？

公元前700年左右，古代意大利北部的伊特拉斯坎人用黄金来制作假牙。为了使口腔顶部的上排齿不致脱落，一位名叫福查德的18世纪巴黎牙医首先用钢质弹簧来制作假牙。18世纪后期，法国的牙医们引进了瓷质牙齿。

假牙

拉链是谁发明的？

1893年，一个叫贾德森的美国工程师，研制了一个"滑动锁紧装置"，这就是拉链的雏形。但这一发明并没有很快流行起来，主要原因是这种早期的锁紧装置质量不过关，容易在不恰当的时间和地点松开，使人难堪。

早期的拉链

回形针是谁发明的？

挪威发明家约翰·瓦勒在 1901 年发明了金属丝纸夹回形针。但是，早期的纸夹都有一些问题。比如，夹纸时，突出的金属丝末端会刺到纸里而戳破纸张，对纸张造成的损害甚至超过了针。做一部制造夹子的机器也很困难。

 约翰·瓦勒和回形针

牛仔裤是谁发明的？

 列维·司特劳斯

20 世纪中叶，牛仔裤的发明者列维·司特劳斯创出了第一个 "Levi's" 牛仔裤商标之后，美国、英国相继推出了其他独具魅力的牛仔装品牌，如今它们已风靡美国、欧洲乃至全世界。所以，Levi's 商标也被称为"牛仔裤之父"。

98

 各种各样的纽扣

niǔ kòu shì shén me shí hou chū xiàn de
钮扣是什么时候出现的？

niǔ kòu zuì zǎo kě yǐ zhuī sù dào　　niánqián　zuì chū de niǔ kòu
钮扣最早可以追溯到1800年前，最初的钮扣

zhǔ yào shì shí niǔ kòu　mù niǔ kòu　bèi ké niǔ kòu　hòu lái fā zhǎndàoyòng
主要是石钮扣、木钮扣、贝壳钮扣，后来发展到用

bù liào zhì chéng de dài niǔ kòu　pán jié niǔ kòu　pán jié niǔ kòu zài wǒ men
布料制成的带钮扣、盘结钮扣。盘结钮扣在我们

fú zhuāng de　fā zhǎn lì　shǐ shang qǐ　le hěn dà de zuò yòng　zhí dào qīng
服装的发展历史上起了很大的作用。直到清

dài　niǔ kòu cái bèi rén menguǎng fàn shǐ yòng
代，钮扣才被人们广泛使用。

魔术贴是怎么发明的？

魔术贴是由瑞士一名工程师乔治·德·麦斯他勒发明的。一次打猎回来，他发现针尾草粘在自己的衣服上。

他用显微镜观察后发现，针尾草的果实有一种勾状结构，可以粘附到织物上。于是他就采用这两种形状的结构发明了魔术贴。

🔆 乔治·德·麦斯他勒和魔术贴

机灵鬼玩具是谁发明的？

美国海军工程师理查德·琼斯。他最初的目的是想发明一种监控军舰功率的仪器。意外的是，在他研制的过程中，

琼斯当时正在测试弹簧，但其中一个掉到地上，开始"行走"，于是"机灵鬼"诞生了。

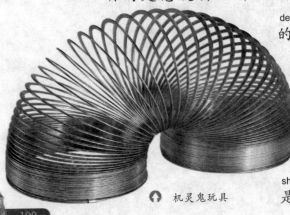

🔆 机灵鬼玩具

飞盘是谁发明的？

飞盘是沃尔特·弗莱德里克·莫里森发明的。他和他的女友在海滩上来回扔一个蛋糕烤盘，有人觉得非常好玩，于是出0.25美元买了这个蛋糕烤盘。其实这个烤盘只需要花0.05美元，于是，莫里森就从此变成了一个卖飞盘的商人。

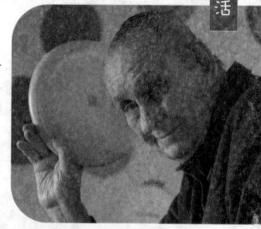

沃尔特·弗莱德里克·莫里森

橡皮泥是谁发明的？

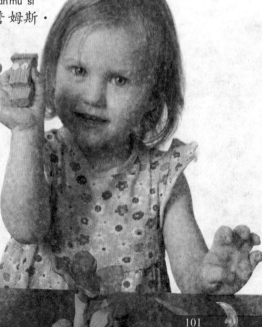

橡皮泥成了孩子们最喜爱的玩具。

橡皮泥是通用电气工程师詹姆斯·怀特发明的。在二战期间，美国政府需要大量的飞机轮胎以及军靴等橡胶制品，怀特当时试图用硅制作一种橡胶替代品。在对硅油进行测试时，意外获得了一种带有弹性和粘性的物质——就是有趣的橡皮泥。

 悠悠考古 》》

　　你是不是还会认为，最早的文字是甲骨文呢？
错啦！那是什么呢？仔细读读接下来的内容，读
完之后，可以和身边的朋友们分享你的答案，问问
他们，你们知道吗？通过这一章，你不仅可以了解
到我们中国的，还有许多世界的古老文化。

你听过神农氏尝百草的故事吗？

神农氏是传说中的炎帝，中国的太阳神，三皇五帝之一。又说他是农业之神，教民耕种，他还是医药之神，相传就是神农尝百草，创医学。传说神农死于试尝的毒草药。

神农氏尝百草

世界上最早的文字是什么？

是楔形文字。公元前4000年左右，幼发拉底河和底格里斯河岸的苏美尔人创造了灿烂的苏美尔文明，和他们的文字——楔形文字。多刻写在石头和泥版（泥砖）上。笔画成楔状，颇像钉头或箭头。

 楔形文字

你听过仓颉造字吗?

仓颉,是黄帝时史官,曾把流传于先民中的文字加以搜集、整理和使用,在汉字创造的过程中起了重要作用。但人们认为汉字由仓颉一人创造只是传说,不过他可能是汉字的整理者,被后人尊为"造字圣人"。

仓颉造字

你听过杜康酿酒吗?

杜康是中国历史上第一个奴隶制国家夏朝的第五位国王。他历史贡献在于创造了秫酒的酿造方法。秫酒就是用黏性高粱为原料制成的清酒,即粮食造的酒。杜康奠定了我国白酒制造业的基础,被后人尊崇为"酿酒鼻祖和酒圣"。

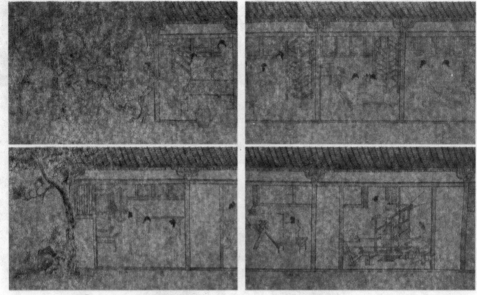

《蚕织图》描绘的是中国古代人民采桑养蚕、制丝织绸的劳动场景。

丝绸最先出现在什么时候？

中国是最早养蚕缫丝的国家，中国的丝绸举世闻名，古代西方称中国为"丝国"，寄托了他们对古老东方的美好想象。历史上贯通东西方的一条著名的国际交通要道就是以中国的丝绸命名的，即丝绸之路。张骞为陆上丝绸之路的开辟作出了重大贡献。

谁发现了化石？

公元前450年希罗多德注意到埃及沙漠，并认为地中海曾淹没过那一地区。公元前400年亚里士多德证明化石是由有机物形成的，化石之所以被嵌埋在岩石中是由于地球内部的神秘的塑性力作用的结果。

希罗多德雕塑

恐龙化石是谁首先发现的？

180年前在英国南部的苏塞克斯郡，住着一位名叫曼特尔的乡村医生。这位曼特尔先生对大自然充满了好奇心，特别喜爱收集和研究化石。久而久之，曼特尔夫人也成了一位"自然之友"和化石采集高手。就是这对夫妇，发现了恐龙化石。

曼特尔

恐龙化石

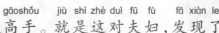

始祖鸟化石在哪里被发现的？

最早的始祖鸟化石发现于1861年，地点是德国巴伐利亚州索伦霍芬印版石石灰岩地层中。化石保存完好，保留了清晰的羽毛印痕。该化石的首个研究者是梅伊尔，命名为印版石古翼鸟，始祖鸟为我国的通称。

始祖鸟化石

北京人生活在什么时候？

北京人生活在距今约70万年至20万年，发现于北京周口店，保留了猿的某些特征，使用打制石器，已会使用天然火，过着群居的生活。北京人遗址是世界上出土古人类遗骨和遗址最丰富的遗址。

周口店遗址

甲骨文是什么时候发现的？

19世纪末，甲骨文在殷代都城遗址被发现。甲骨文继承了陶文的造字方法，是中国商代后期王室用于占卜记事而刻在龟甲和兽骨上的文字。殷商灭亡周朝兴起之后，甲骨文还延绵使用了一段时期。

 甲骨文

纸是谁发明的？

蔡伦改进了造纸术，使纸张逐渐普及使用。纸的主要功绩是承载信息，促进知识的普及和发展，蔡伦的改进使纸成为广泛的用品，从这个意义上说，纸是蔡伦发明的。

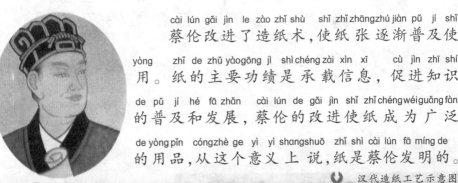
蔡伦

汉代造纸工艺示意图

埃及的金字塔

 金字塔是谁建造的？

金字塔是古埃及人建造的，当时一定集中了古代埃及人的所有聪明才智，因为它需要解决的难题肯定是很多的，所以可以说金字塔是古代埃及人民智慧的结晶，是古代埃及文明的象征。

庞贝古城是怎么被毁灭的？

公元79年8月24日的一天中午，庞贝城附近的活火山维苏威火山突然爆发，火山灰、碎石和泥浆瞬间湮没了整个庞贝，古罗马帝国最为繁华的城市在维苏威火山爆发后的18个小时内彻底消失。直达18世纪中期，这座深埋在地底的古城才被挖掘出土而重见天日。

公元79年，维苏威火山爆发瞬间。

罗塞塔石碑是怎么被发现的？

罗塞塔石碑最早是在1799年时由法军上尉佛军索瓦·札维耶·布夏贺在一个埃及港湾城市罗塞塔发现，但在英法两国的战争之中辗转到英国手中，自1802年起保存于大英博物馆中并公开展示。

商博良是第一位识破古埃及象形文字结构并破译罗塞塔石碑的学者。

罗塞塔石碑

汉谟拉比法典是怎么被发现的？

在1901年12月，由法国人和伊朗人组成的一支考古队，在伊朗西南部一个名叫苏撒的古城旧址上发现了一块黑色玄武石，几天以后又发现了两块，将三块拼合起来，恰好是一个椭圆柱形的石柱。这正是用楔形文字记录的法律条文——《汉谟拉比法典》。

《汉谟拉比法典》

图坦卡蒙陵墓是谁发现的？

古代的埃及人在国王谷埋葬了他们的几位最伟大的国王。到20世纪初期，考古学家们几乎已经发现了他们的全部陵墓。

发掘出来的绝大多数陵墓令人失望，因为盗墓贼早已偷走了里面所有的珍宝。1922年11月的一个早晨，英国人哈瓦德·卡特领导的小组发现了他们要寻找的这座陵墓。

哈瓦德·卡特发现一具重约134.3千克黄金打造的棺木，且找到戴着黄金面具的图坦卡蒙王木乃伊，震惊了全世界。

兵马俑是谁修建的？

据《史记》记载：秦始皇从13岁即位时就开始营建陵园，由丞相李斯主持规划设计，大将章邯监工，修筑时间长达38年。秦始皇兵马俑陪葬坑，是世界最大的地下军事博物馆。

兵马俑坑是如何被发现的？
bīng mǎ yǒng kēng shì rú hé bèi fā xiàn de

1974年3月，在陵东的西杨村村民抗旱打井时，在陵墓以东三里的下和村和五垃村之间，发现规模宏大的秦始皇陵兵马俑坑，经考古工作者的挖掘，才揭开了埋葬于地下的2000多年前的秦俑宝藏。

西班牙岩洞的笔画怎么来的？
xī bān yá yán dòng de bǐ huà zěn me lái de

这些岩洞在距今11000—17000年前已有人居住，一直延续至欧洲旧石器文化时期。1985年该洞窟被列入世界遗产名录。绘画是最简单的记事方法。经过几千年的发展，绘画变得越来越缤纷多彩。但是原始的绘画注重直观遗迹视觉冲击，这是现在的各种画风所万万不及的！

兵马俑

113

 军事交通 》》》

　　我们每天出行，早已经离不开汽车了。可是你知道，最早的车轮是什么样子吗？导弹、隐形飞机、原子弹、雷达，这些听起来厉害得不得了的东西，究竟是从哪一个国家开始研究出来的？还有，那些看起来很"小儿科"的红绿灯，是怎么发明的呢？读完这一章，就难不倒你啦。

车轮出现在什么时候？
che lún chū xiàn zài shén me shí hou

公元3世纪时罗马人的马拉车图，车轮是用木板制成的。

相传大约在公元前3000年，中亚地区就已经使用带轮的车，但当时文明发达的埃及并不知道，仍是用滚木车轮拖运货物，公元前1600年时，北方的海克索斯人用马拉战车进攻埃及，使埃及人大吃一惊。从此，埃及人也开始使用带轮的车。

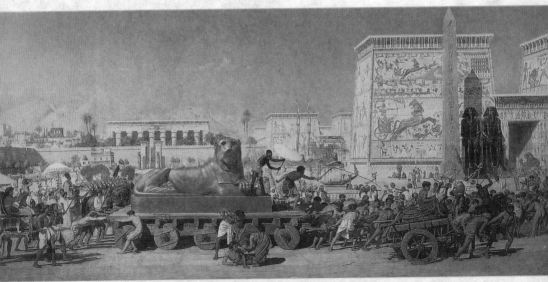

埃及人用轮子把以色列的文物运回埃及。

帆船出现在什么时候？
fān chuán chū xiàn zài shén me shí hou

帆船起源于欧洲，其历史可以追溯到
fān chuán qǐ yuán yú ōu zhōu　qí lì shǐ kě yǐ zhuī sù dào

远古时代。15世纪初期，中国明代郑和率
yuǎn gǔ shí dài　shì jì chū qī zhōng guó míng dài zhèng hé shuài

领庞大船队7次出海，到达亚洲和非洲30多
lǐng páng dà chuán duì　cì chū hǎi　dào dá yà zhōu hé fēi zhōu　duō

个国家。现代帆船始于荷兰。1660年荷
gè guó jiā　xiàn dài fān chuán shǐ yú hé lán　nián hé

兰的阿姆斯特丹市长将一
lán de ā mǔ sī tè dān shì zhǎng jiāng yī

条名为"玛丽"的帆船送给
tiáo míng wéi mǎ lì de fān chuán sòng gěi

英国国王查理二世。
yīng guó guó wáng chá lǐ èr shì

 郑和和他的宝船模型

轮船是谁发明的？
lún chuán shì shuí fā míng de

发明制造第一艘轮船的人是美国的罗
fā míng zhì zào dì yī sōu lún chuán de rén shì měi guó de luó

伯特·富尔顿，1765年生于宾夕法尼亚
bó tè　fù ěr dùn　nián shēng yú bīn xī fǎ ní yà

州的兰斯卡特。1793年，他来到巴黎，他
zhōu de lán sī kǎ tè　nián tā lái dào bā lí　tā

的想法得到了拿破仑的支持。他从模型
de xiǎng fǎ dé dào le ná pò lún de zhī chí　tā cóng mó xíng

试验到设计制造，前后经过9年的艰苦努
shì yàn dào shè jì zhì zào　qián hòu jīng guò　nián de jiān kǔ nǔ

力，终于在1803年造成了第一艘轮船。
lì　zhōng yú zài　nián zào chéng le dì yī sōu lún chuán

 罗伯特·富尔顿

117

内燃机是谁发明的？

1670年，荷兰的物理学家、数学家和天文学家惠更斯发明了采用火药在气缸内燃烧膨胀推动活塞做功的机械，即"内燃机"。用火药作燃料的火药发动机是现代内燃机原理的萌芽。

 惠更斯

蒸汽机是谁发明的？

世界上第一台蒸汽机是由古希腊数学家亚历山大港的希罗于1世纪发明的汽转球，不过它只不过是一个玩具而已。约1679年法国物理学家丹尼斯·巴本在观察蒸汽逃离高压锅后制造了第一台蒸汽机的工作模型。

汽转球

🔊 1807 年 9 月，"克莱蒙特号"试航成功。

zhēng qì qì chuán shì shuí fā míng de
蒸汽汽船是谁发明的？

zuì zǎo jiàn zào zhēng qì jī chuán de shì fǎ guó fā míng jiā qiáo fú cài
最早建造蒸汽机船的是法国发明家乔弗莱，

tā zài　　　　nián jiù jiàn zào le shì jiè dì yī sōu zhēng qì lún chuán　pí
他在 1769 年就建造了世界第一艘蒸汽轮船"皮

luó sī kǎ fēi　hào yòng zhēng qì jī qǐ dòng　　　nián　yuè měi guó
罗斯卡菲"号，用蒸汽机启动。1807 年 9 月，美国

rén luó bó tè　　fù ěr dùn shè jì zhì zào de zhēng qì lún chuán　kè lái
人罗伯特·富尔顿设计制造的蒸汽轮船"克莱

méng tè hào　shì háng chéng gōng　shǐ lún chuán kāi shǐ zhēn zhèng chéng wéi shuǐ
蒙特号"试航成功，使轮船开始真正成为水

shang wǔ tái de zhǔ jué
上舞台的主角。

🚂 1825年9月27日当第一列由斯蒂芬森设计的机车牵引的列车运载450名旅客，以每小时24千米的速度从达林顿驶到斯托克顿时，铁路运输事业就从此诞生了。

huǒ chē shì shuí fā míng de
火车是谁发明的？

nián wǎ tè de xuéshēng mò duō kè zào chū le tái
1783年，瓦特的学生默多克造出了1台

yòng zhēng qì jī zuòdòng lì de chē zi dàn xiào guǒ bù hǎo méi rén
用蒸汽机作动力的车子，但效果不好，没人

yòng nián fàng niú wá chūshēn de yīng guógōngchéng shī sī dì
用。1814年，放牛娃出身的英国工程师斯蒂

fēn sēn zào chū le zài tiě guǐshàngxíng zǒu de zhēng qì jī chē zhèng shì
芬森造出了在铁轨上行走的蒸汽机车，正式

fā míng le huǒ chē
发明了火车。

第一个建立地下铁道的是哪个国家？

世界上首条地下铁路系统是在1863年开通的"伦敦大都会铁路"，是为了解决当时伦敦的交通堵塞问题而建。当时电力尚未普及，所以即使是地下铁路也只能用蒸汽机车。到了1870年，伦敦开办了第一条客运的钻挖式地铁，在伦敦塔附近越过泰晤士河。

🎧 1963年的第一条地铁

摩托车是谁发明的？

🎧 戴姆勒的摩托车模型

1885年，德国人戈特利伯·戴姆勒将一台发动机安装到了一台框架的机器中，世界上第一台摩托车诞生了。限于100多年前，当时的汽油发动机尚处于低级幼稚的状况，当时的车辆制造尚为马车技术阶段，原始摩托车与现代摩托车在外形上有很大差别。

自行车是谁发明的？

早期的自行车

法国人西夫拉克。1791 年他制造出第一架代步的"木马轮"小车，这辆最早的自行车是木制的，它的结构比较简单，既没有驱动装置，也没有转向装置，骑车人靠双脚用力蹬地前行，改变方向时也只能下车搬动车子。

汽车是谁发明的？

卡尔·本茨是一名德国工程师。他梦想自己有朝一日能在公路上驾驶一种"无轨的、不需要马拉的车子"。1885 年奔驰终于造出世界上第一辆汽车，并于 1886 年 1 月 29 日获得汽车制造专利，这一天被公认为世界首辆汽车诞生日。

卡尔·本茨和他发明的第一辆汽车。

磁悬浮列车是哪国最先发明的？

磁悬浮技术的研究源于德国，早在 1922 年德国工程师赫尔曼·肯佩尔就提出了电磁悬浮原理，并于 1934 年申请了磁悬浮列车的专利。进入70年代以后，德国、日本、美国相继开始筹划进行磁悬浮运输系统的开发。

⬆ 赫尔曼·肯佩尔

⬇ 磁悬浮列车

气垫船是谁发明的？

1959年6月，英国人科克雷尔制成了一条重45000千克的气垫船，在赖特岛进行试航。7月25日，科克雷尔等3人乘这艘气垫船顺利地穿过了英吉利海峡，成为世界上第一艘实际载人航行的气垫船。

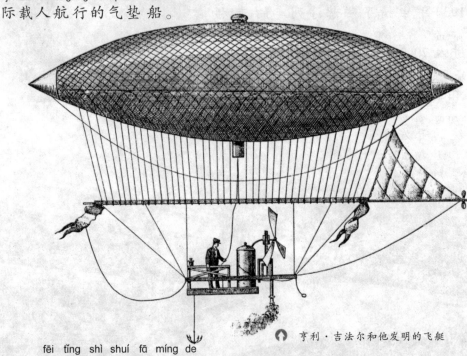

🔊 亨利·吉法尔和他发明的飞艇

飞艇是谁发明的？

世界上第一艘飞艇是法国工程师亨利·吉法尔于1852年发明的。1852年9月24日，吉法尔从巴黎马戏场起飞，以大约8千米的时速飞行到28千米外的德拉普。此后内燃机的问世，使飞艇有了重量更轻、效率更高也更安全的动力装置。

谁发明了热气球？

🔊 1783 年 6 月 5 日，蒙特高非赫兄弟制造的模拟气球的升起。

18世纪，法国造纸商 蒙特高非赫兄弟用纸袋聚热气作实验，使纸袋能够随着气流不断上升。1783 年 6 月 5 日，蒙特高非赫兄弟将一个圆周为110英尺的模拟气球升起，飘然飞行了1.5英里。乘坐这个气球的第一批乘客是一只公鸡、一只山羊还有一只丑小鸭。

降落伞是谁发明的？

历史上关于降落伞概念记录的最早来源是15世纪被称为意大利文艺复兴"三杰"之首的达芬奇，他曾经在草纸上绘制过一个人体大小的降落伞带着一个人漂浮在空中。他不仅对绘画艺术进行了跨时代创新，而且在科研方面也是硕果累累。

飞机是谁发明的？

1903年12月17日，莱特兄弟的"飞行者1号"在美国北卡罗来纳州的一处荒丘上进行试飞。

美国人莱特兄弟1903年12月17日，美国的威尔伯·莱特和奥维尔·莱特兄弟俩设计制造的"飞行者1号"飞机在卡罗来纳州的基地霍克试飞成功，这是世界上公认的第一架飞上天空的可操纵载人动力飞机。

直升机是谁发明的？

伊戈尔·伊万诺维奇·西科斯基

伊戈尔·伊万诺维奇·西科斯基，世界著名飞机设计师及航空制造创始人之一，他一生为世界航空作出了相当多的功绩，而其中最著名的则是设计制造了世界上第一架四发大型轰炸机和世界上第一架实用直升机。

交通信号是谁发明的？

jiāo tōng xìn hào shì shuí fā míng de

zuì chū de jiāo tōng zhǐ huī yuán shì bù xíng de xún
最初的交通指挥员是步行的巡

jǐng tā men kào shǒu shì zhǐ huī jiāo tōng zhí dào
警，他们靠手势指挥交通。直到20

shì jì nián dài chū zì dòng jiāo tōng xìn hào dēng cái
世纪20年代初，自动交通信号灯才

kāi shǐ shǐ yòng nián yē lǔ dà xué de huò
开始使用。1927年，耶鲁大学的霍

jiào shòu fā míng néng gēn jù yī gè shí zì lù kǒu dāng
教授发明能根据一个十字路口当

shí de jiāo tōng liú liàng lái tiáo zhěng jiāo tōng xìn hào dēng
时的交通流量来调整交通信号灯

de hóng lǜ dēng biàn huà jiàn gé de jiāo tōng xìn hào
的红绿灯变化间隔的交通信号。

交警

红绿灯

红绿灯是谁发明的？

hóng lǜ dēng shì shuí fā míng de

shì jiè shang zuì xiān shǐ yòng jiāo tōng xìn hào dēng de shì yīng
世界上最先使用交通信号灯的是英

guó lún dūn nián yuè rì zài lún dūn bù lǐ qí
国伦敦。1868年12月10日，在伦敦布里奇

dà jiē hé jǐng chá tīng guǎi jiǎo chù yī gēn mǐ gāo de gāng zhù shang
大街和警察厅拐角处一根7米高的钢柱上，

zhuāng shang le yī tào jiāo tōng xìn hào dēng zhè tào zhuāng zhì shì
装上了一套交通信号灯，这套装置是

yóu tiě lù xìn hào gōng chéng shī nài tè fā míng de tā yǒu hóng
由铁路信号工程师奈特发明的。它有红

lǜ liǎng zhǒng yán sè hóng sè shì yì tíng zhǐ lǜ sè shì yì
绿两种颜色，红色示意"停止"，绿色示意

dāng xīn
"当心"。

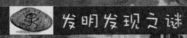
火药是谁发明的？

火药是中国汉族发明于隋唐时期，距今已有1000多年了。火药的研究开始于古代道家炼丹术，古人为求长生不老而炼制丹药，炼丹术的目的和动机都是荒谬和可笑的，但它的实验方法还是有可取之处，最后导致了火药的发明。

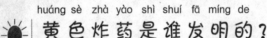

黄色炸药是谁发明的？

阿尔弗雷德·伯纳德·诺贝尔，他是瑞典籍化学家、工程师，是硝化甘油炸药的稳定方法的发明者。

他在自己的最后一份

诺贝尔奖奖牌

遗嘱中用其巨额遗产创建了诺贝尔奖，人造元素锘就是以诺贝尔命名的。

中世纪的炼金术士相信一些元素能转化成黄金而热衷于冶炼矿石。在炼金过程中，莫名其妙的爆炸总是突然发生。

手枪是什么时候出现的？
shǒuqiāng shì shén me shí hou chū xiàn de

手枪是我们最常见的武器。

早期的手枪——手枪的最早雏形在14世纪初或更早几乎同时诞生于中国和普鲁士，也就是今天的德国境内。1331年，普鲁士的黑色骑兵就使用了一种短小的点火枪，这是欧洲最早出现的手枪雏形。

水雷是什么时候发明的？
shuǐ léi shì shén me shí hou fā míng de

水雷是最古老的水中兵器，它的故乡在中国。水雷最早是由中国人发明的。1558年明朝人唐顺之编纂的《武编》一书中，便详细记载了"水底雷"。1590年，中国又发明了最早的漂雷——以燃香为定时引信的"水底龙王炮"。

潜艇是谁发明的？

科尼利斯·德雷尔制造出了人类历史上第一艘潜艇。

1620年，荷兰物理学家科尼利斯·德雷尔成功地制造出人类历史上第一艘潜水船，它是人类历史上第一艘能够潜入水下，并能在水下行进"船"。可载12名船员，能够潜入水中3~5米。

"陆战之王"坦克是谁发明的？

世界第一种配备发动机和武器的装甲战车是由澳大利亚工程师莫尔于1912年发明和设计的。1911年，31岁的莫尔设计了一种履带式装甲战车。1912年，信心十足的莫尔带着自己的发明到了英国。

"马克"I型坦克是人类历史上第一种投入实战的坦克。

航空母舰战斗群

航空母舰是哪国最先发明的？

尤金·伊利驾驶飞机从"伯明汉号"上徐徐拉起，升入空中。

世界第一个从停泊的"伯明汉号"船只上起飞的飞行员是美国人尤金·伊利。英国人查尔斯·萨姆森是第一个从一艘航行的船只上起飞的飞行员。第一艘服役的从一开始就作为航空母舰设计的船只是日本的"凤翔号"航空母舰，它1922年12月开始服役。

"千里眼"雷达是谁发明的？

1935年，英国物理学家沃特森·瓦特发明了一种既能发射无线电波，又能接收反射波的装置，它能在很远的距离就探测到飞机的行动。这就是世界上第一台雷达。这台雷达遇到障碍后反射回的能量大，所以探测空中飞行的飞机性能好。

发明发现之谜

隐身战斗机是谁发明的？

隐形战斗机F-117A隐形战斗机是洛克希德公司于80年代为美空军秘密研制的第一代隐形战斗机，也是世界航空史上的第一架隐形战斗机。由于奇特的外形设计，在研制和试飞时曾在相当长时间内，被当做"空中飞碟"和"不明飞行物"。

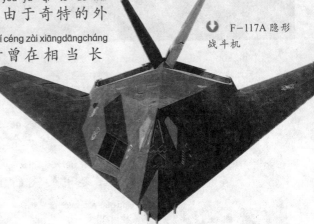

F-117A 隐形战斗机

导弹是谁发明的？

冯·布劳恩是人类导弹技术的开创者，1936年在德国佩内明德的火箭研究中心建立的重点项目，由纳粹的宣传部长"戈培尔"命名为"复仇使者"计划，他作为主导者领衔执行 V-2 工程。1939年世界上第一枚导弹从德国成功发射，人类军事武器从此掀开了一个新的时代。

V-2导弹发射

水中导弹鱼雷是谁发明的？

1866年，英国工程师罗伯特·怀特黑德成功地研制出第一枚真正意义上的鱼雷，并根据怀特黑德名字的含义而定名为"白头鱼雷"。它外形似鱼，用压缩空气发动机带动单螺旋桨推进，通过液压阀操纵尾部的水平舵板以控制航行深度。

原子弹是什么时候发明的？

自1939年起，奥本海默一直在考虑原子能的释放问题。1945年7月16日清晨五点三十分，世界上第一颗原子弹在美国新墨西哥州阿拉莫戈多沙漠中爆炸成功。鉴于奥本海默的卓越贡献，"原子弹之父"的殊荣他当之无愧。

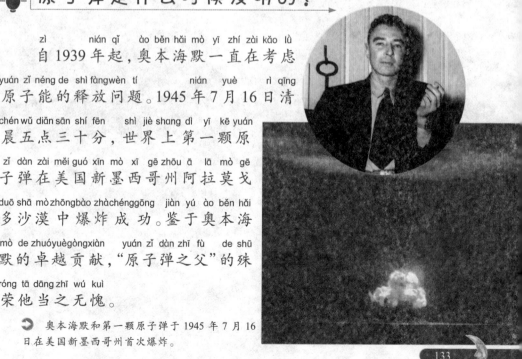

奥本海默和第一颗原子弹于1945年7月16日在美国新墨西哥州首次爆炸。

133

 科技之光》》

　　你有没有想过，成为一个科学家？如果想过的话，你想要发明什么呢？当你在生物课堂上用显微镜看见了你平时看不见的细菌时，有没有想过，世界上第一台显微镜是谁发明的呢？如果你只知道爱迪生这一位发明家，那可真是孤陋寡闻了！

避雷针是谁发明的？

是美国科学家富兰克林发明的。

富兰克林认为闪电是一种放电现象。为了证明这一点，他在1752年7月的一个雷雨天，冒着被雷击的危险，将一个系着长长金属导线的风筝放飞进雷雨云中，在金属线末端拴了一串银钥匙。幸亏这次传下来的闪电比较弱，富兰克林没有受伤。

○ 富兰克林

望远镜是谁发明的？

○ 利伯希在眼镜店检查磨制出来的透镜质量。

17世纪，荷兰小镇的一家眼镜店的主人利伯希为检查磨制出来的透镜质量，把一块凸透镜和一块凹镜排成一条线，通过透镜看过去，发现远处的教堂塔尖好象变大了，于是在无意中发现了望远镜的秘密。1608年他为自己制作的望远镜申请专利。

显微镜是谁发明的？

列文虎克

最早的显微镜是由一个叫詹森的眼镜制造匠人于 1590 年前后发明的。詹森虽然是发明显微镜的第一人，却并没有发现显微镜的真正价值。事隔 90 多年后，显微镜又被荷兰人列文虎克研究成功了，并且开始真正地用于科学研究试验。

列文虎克发明的显微镜

活字印刷术是谁发明的？

北宋庆历间中国的毕昇发明的泥活字标志活字印刷术的诞生。他是世界上第一个发明人，比德国谷登堡活字印书早约 400 年。活字印刷术的发明是印刷史上一次伟大的技术革命。

毕昇和活字版模型

缝制衣服用的骨针

纺织是什么时候出现的？

中国纺织生产习俗，大约在旧石器时代晚期已经萌芽，距今约2万年左右的北京山顶洞人已学会利用骨针来缝制苇、皮衣服。而真正纺织技术和习俗的诞生在新石器文化时期。

无线电是谁发明的？

1893年，尼古拉·特斯拉在美国密苏里州圣路易斯首次公开展示了无线电通信。在为"费城富兰克林学院"以及全国电灯协会做的报告中，他描述并演示了无线电通信的基本原理。古列尔莫·马可尼拥有通常被认为是世界上第一个无线电技术的专利。

马可尼在进行无线电通信试验

电报是谁发明的？

1837年，英国威廉·库克和查尔斯·惠斯通设计制造了第一个有线电报，且不断加以改进，发报速度不断提高。这种电报很快在铁路通信中获得了应用。他们的电报系统的特点是电文直接指向字母。

威廉·库克和查尔斯·惠斯通

电动机与发电机是谁发明的？

1821年英国科学家法拉第首先证明可以把电力转变为旋转运动。最先制成电动机的人，据说是德国的雅可比。1834年，德国的雅可比发明了直流发动机。1888年南斯拉夫裔美国人特斯拉发明了交流电动机。

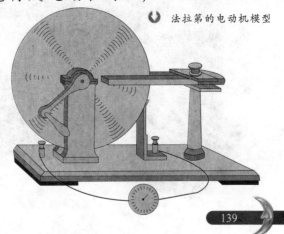

法拉第的电动机模型

声呐是谁发明的？

世界上第一台声呐是1971年由法国物理学家保罗·朗之万发明的。声呐的用途十分广泛。在军舰、潜艇、反潜飞机上安装声呐之后，可以准确确定敌方舰艇、鱼雷和水雷的方位。

 保罗·朗之万(中)和其他科学家在一起。

传真机是谁发明的？

传真技术早在19世纪40年代就已经诞生，比电话发明还要早三十年。它是由一位名叫亚历山大·贝恩的英国发明家于1843年发明的。直到20世纪20年代才逐渐成熟起来，60年代后得到了迅速发展。

亚历山大·贝恩和他发明的传真机模型。

ān quán diàn tī shì shuí fā míng de
安全电梯是谁发明的？

○ 奥的斯向人们展示的升降机。

yǒu yī tiān　ài lì suō　ào de sī zhàn zài yī gè píng
有一天，艾利莎·奥的斯站在一个平

tái shang　nà ge píng tái yóu yī gēn chán zài qū dòng zhóu shang de
台上。那个平台由一根缠在驱动轴上的

lǎn shéng gāo gāo de diào zhe　tū rán tā xià lìng kǎn duàn lǎn shéng
缆绳高高地吊着，突然他下令砍断缆绳。

rán hòu tuō xià mào zi huān hū dào　wán quán ān quán　xiān shēng men
然后脱下帽子欢呼道："完全安全，先生们，

wán quán ān quán　diàn tī jiù zài zhè zuò chéng shì lǐ dàn shēng le
完全安全"电梯就在这座城市里诞生了。

diàn yǐng shì shuí fā míng de
电影是谁发明的？

nián　ài dí shēng kāi shǐ yán jiū huó dòng zhào piàn　ér dāng qiáo zhì　yī shì màn
1888年，爱迪生开始研究活动照片，而当乔治·伊士曼

fā míng le lián xù dǐ piàn hòu　ài dí shēng lì kè jiāng lián xù dǐ piàn mǎi huí lái　qǐng wēi lián gān
发明了连续底片后，爱迪生立刻将连续底片买回来，请威廉甘

nǎi dí hé mài bù lǐ qí zháo shǒu jìn xíng yán jiū　dào le dì èr nián de　yuè　mài bù lǐ
乃迪和迈布里奇着手进行研究。到了第二年的10月，迈布里

qí tí chū yán jiū de jié guǒ　tā jiāng zhī pāi shè chéng huì huó dòng de mǎ　zhè jiù shì diàn yǐng
奇提出研究的结果，他将之拍摄成"会活动的马"，这就是电影

shǐ shang zuì zǎo shè yǐng de chéng gōng
史上最早摄影的成功。

○ 迈布里奇

○ 迈布里奇拍摄
的"会活动的马"。

电视机是谁发明的？

约翰·洛吉·贝尔德在实验中扫描出了图像。

电视机是贝尔德发明的。1926年1月26日，科学院的研究人员应邀光临约翰·洛吉·贝尔德的实验室，放映结果完全成功，引起极大的轰动。这是贝尔德研制的电视第一天公开播送，世人将这一天作为电视诞生的日子。

数码相机是谁发明的？

现在数码相机已融入人们生活。

数码相机的历史可以追溯到上个世纪四五十年代，1951年宾·克罗司比实验室发明了录像机，这种新机器可以将电视转播中的电流脉冲记录到磁带上。到了1956年，录像机开始大量生产。它被视为电子成像技术产生。

空调是谁发明的？

空调已有百年历史,说起空调我们不应该忘记它的发明者,被称为"空调之父"的威利斯·开利,是他给我们带来了四季如春的气候。开利推出第一代家用空调是1928年。

威利斯·开利

早期的空调被用来调节生产过程中的温度与湿度。

电冰箱是谁发明的？

一个在英格兰工作的美国人雅可比·帕金斯。1834年他发现当某些液体蒸发时,会有一种冷却效应。帕金斯要求一群技工来制造一个可证实这个想法的工作模型。果然,这个装置在某个晚上真的产生了一些冰——于是,冰箱产生了。

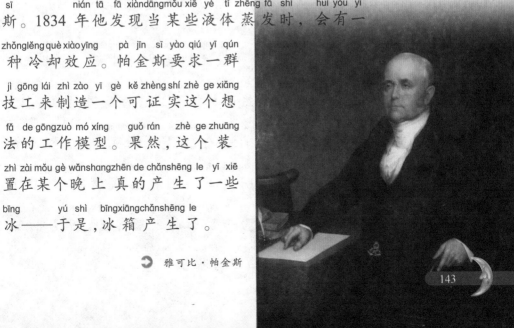

雅可比·帕金斯

143

洗衣机是谁发明的?

早期的洗衣机宣传画

1858年,一个叫汉密尔顿·史密斯的美国人在匹茨堡制成了世界上第一台洗衣机。

该洗衣机的主件是一只圆桶,桶内装有一根带桨状叶子的直轴。这台洗衣机却标志着用机器洗衣的开端。

微波炉是谁发明的?

珀西·勒巴朗·斯宾塞

微波炉最早的名称是"爆米花和热团加热器",它的发明纯属偶然,源自一个武器研发项目。微波炉的发明者是美国自学成才的工程师珀西·勒巴朗·斯宾塞。1947年,雷声公司推出了第一台家用微波炉。

144

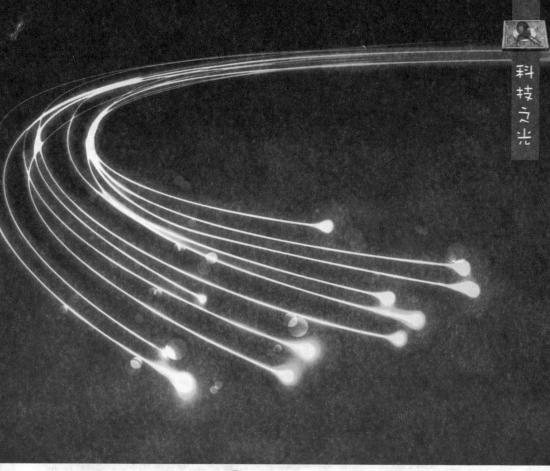

 光纤通信

guāng xiān tōng xìn shì shuí fā míng de

光纤通信是谁发明的？

gāo kūn zuì zǎo zhèng míng le guāng xiān tōng xìn de kě
高锟最早证明了光纤通信的可

xíng xìng suǒ yǐ tā yī jǔ ná xià le nuò bèi ěr jiǎng bù
行性，所以他一举拿下了诺贝尔奖。不

guò zhēn zhèng tōng xìn yòng de guāng xiān bìng bù shì tā fā míng
过真正通信用的光纤并不是他发明

de ér shì měi guó de gōng sī guāng xiān tōng
的，而是美国的cornning公司。光纤通

xìn de dàn shēng hé fā zhǎn shì diàn xìn shǐ shang de yī cì
信的诞生和发展是电信史上的一次

zhòng yào gé mìng
重要革命。

 高锟

约翰·巴丁

晶体管是谁发明的？

这一成果立刻轰动了电子学界，巴丁和肖克利、布拉顿一起获得了1956年度诺贝尔物理学奖。巴丁发明了晶体管，才使收录机、电视机，还有电脑，这些现代人不可缺少的电子产品的出现有了可能。

威廉·布拉德福德·肖克利

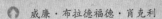 沃尔特·豪泽·布拉顿

真空三极管是谁发明的？

真空三极管的发明者是美国科学家李·德福雷斯特。1910年，德福雷斯特采用了费森登的声音播送系统，用其三级管播放了安丽科·凯鲁索的歌声。1916年，他建立了一个广播电台广播新闻。

集成电路是谁发明的？

⬆ 杰克·基尔比

美国物理学家基尔比宣布制成第一块集成电路。稍后美国仙童公司的 R·N·诺伊斯也宣称制出第一块集成电路。1966年研制出第一台袖珍计算器。获巴伦坦奖章、萨尔诺夫奖章、国家科学奖章、兹沃雷金奖章和伊利诺大学迪斯廷校友奖。

移动电话是谁发明的？

1973年4月的一天，一名男子站在纽约街头，掏出一个约有两块砖头大的无线电话，并打了一通，引得过路人纷纷驻足侧目。这个人就是手机的发明者马丁·库帕。当时，库帕是美国著名的摩托罗拉公司的工程技术人员。

➡ 马丁·库帕

遥控器是谁发明的？

1955年，美国人尤金·波利设计的无线遥控器上市。这种遥控器利用光线，向位于电视机四角的接收器传送信号。四角的功能各不相同，有的负责换台，有的负责音量，还有的负责开关电视。

 尤金·波利和首个电视遥控器"闪光自动化装置"。

机器人是谁发明的？

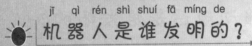

发明第一台机器人的是享有"机器人之父"美誉的约瑟夫·英格伯格。他是世界上最著名的机器人专家之一，1958年建立了 Unimation 公司，并于1959年研制出了世界上第一台工业机器人，对创建机器人工业作出了杰出的贡献。

 约瑟夫·英格伯格

148

电脑网络是什么时候出现的？

电脑网络最早来源于美国国防部高级研究计划局，该网于1969年投入使用。从60年代开始，他们就开始向美国国内大学的计算机系和一些私人有限公司提供经费，以促进基于分组交换技术的计算机网络的研究。

 电脑网络为人类社会带来了重大变化。

电子游戏机是谁发明的？

1971年，美国加利福尼亚电气工程师诺兰·布什内尔根据自己编制的"网球"游戏设计了世界上第一台商用电子游戏机。没过两天，他意外地发现投币箱全被硬币塞满了，因而硬是撑满了投币器。

诺兰·布什内尔

科技之光

149

液晶是谁发明的？

弗里德里希·莱尼泽

奥地利布拉格德国大学的植物生理学家弗里德里希·莱尼泽发现了这种特殊的物质，开始时称之为软晶体，然后改称晶态流体，最后深信偏振光性质是结晶特有，流动晶体的名字才算正确。此名与液晶的差别就只有一步之遥了，莱尼泽和雷曼后来被誉为"液晶之父"。

计算机是谁发明的？

在1964年，意大利好利获得公司的工程师比埃尔·贝罗特就利用一台收款机的键盘、一台鼓式打印机、一个磁带记录器和原创的电路组装出了世界上第一台个人计算机。为参加在美国举行的一个展览会，这种计算机在1967年被命名为"程序101"。

计算机发展到今天，已经深入到我们生活的方方面面。

鼠标是谁发明的？

1968 年 12 月 9 日，世界上的第一个鼠标诞生于美国史丹福大学。它的发明者是道格拉斯·恩格尔巴特。它主要注重于可以提供定位和点击的功能，而外形方面却没有太精心的设计。

道格拉斯·恩格尔巴特

蓝牙技术是谁发明的？

蓝牙的创始人是瑞典爱立信公司，爱立信早在 1994 年就已进行研发。1998 年 2 月，5 个跨国大公司，包括爱立信、诺基亚、IBM、东芝及 Intel 组成了一个特殊兴趣小组，他们共同的目标是建立一个全球性的小范围无线通信技术，即现在的蓝牙。

蓝牙标志

信用卡是什么时候出现的？

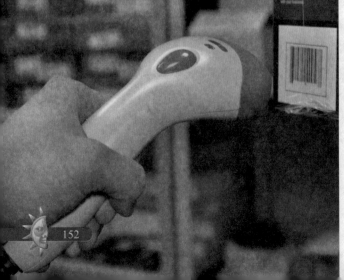

信用卡

世界上第一张信用卡于1915年起源于美国。最早发行信用卡的机构并不是银行，而是一些百货商店、饮食业、娱乐业和汽油公司。1950年，美国商人弗兰克·麦克纳马拉发行了世纪上第一张以塑料制成的信用卡——大来卡。

条形码是谁发明的？

条形码扫描机正在扫描商品的条形码。

早在40年代，美国乔·伍德兰德和伯尼·西尔沃两位工程师就开始研究用代码表示食品项目及相应的自动识别设备，于1949年获得了美国专利。该图案很像微型射箭靶，被叫做"公牛眼"代码，与后来的条形码很相近。

什么是芯片身份证？

中国第二代身份证就是芯片身份证，是非接触式IC芯片卡，有定向光变色"长城"图案、防伪膜、光变光存储"中国CHINA"字样、缩微字符串"JMSFZ"、紫外灯光显现的荧光印刷"长城"图案等防伪技术。

中国第二代身份证

人类最早什么时候发现煤炭的

人类发现和使用煤炭，已有3000多年的历史了。12—17世纪左右快要结束的时候，煤炭才逐渐得到广泛应用。到了西元1710年左右，蒸气动力开始被运用在工业上，推动机器，甚至发动火车。 煤矿

人类什么时候发现天然气并开始使用？

中国是世界最早发现和利用天然气和石油的国家之一。关于中国石油的最早记载，首见于东汉历史学家班固。

⮕ 天然气灶火

人类什么时候发现石油并开始使用？

最早钻油的是中国人，最早的油井是4世纪或者更早出现的。10世纪时他们使用竹竿做的管道来连接油井和盐井。古代波斯的石板纪录似乎说明波斯上层社会使用石油作为药物和照明。最早提出"石油"一词的是公元977年中国北宋编著的《太平广记》。

⮕ 海上石油开采示意图

荷兰的风车

荷兰人为什么要修风车？

　　他们靠海，那里风大，他们没有湍急的河流，利用不到水能。风能是最理想的能源，因为那些大风车下面是磨房。他们不用毛驴拉磨，地方小，养不起牲口，他们修风车就是为了磨麦子。

谁第一个利用火箭飞天的？

第一个想到利用火箭飞行的人——万户飞天垂青史火箭是现代发射人造卫星和宇宙飞船的运载工具，是我们祖先首先发明的。起

万户飞天

始，只是用于过年过节放烟火时使用，到13世纪，人们把火箭用作战争武器，以后传入欧洲。

戈达德和他发明的第一枚液体火箭。

火箭是谁发明的？

罗伯特·戈达德，是美国最早的火箭发动机发明家，被公认为现代火箭技术之父。1926年3月16日在马萨诸塞州沃德农场成功发射了世界上第一枚液体火箭。戈达德于1929年又发射了一枚较大的火箭，这枚火箭比第一枚飞得又快又高。

156

现代导弹是谁发明的？

导弹的起源与火药和火箭的发明密切相关。火药与火箭是由中国发明的。南宋时期，不迟于12世纪中叶，火箭技术开始用于军事，出现了最早的军用火箭。约在13世纪，中国火箭技术传入阿拉伯地区及欧洲国家。

早期的火药箭是战场上的主要武器之一。

宇宙飞船是什么时候发明的？

世界上第一艘载人飞船是前苏联的"东方1号"宇宙飞船，于1961年4月12日发射。它由两个舱组成，上面的是密封载人舱，又称航天员座舱。这是一个直径为2.3米的球体。舱内设有能保障航天员生活的供水、供气的生命保障系统。

前苏联的宇宙飞船"东方1号"模型。

157

人造卫星是谁发明的？

1957年10月4日。苏联宣布成功地把世界上第一颗绕地球运行的人造卫星"斯普特尼克1号"送入轨道。美国官员宣称，他们对这颗卫星的体积之大感到惊讶。这颗卫星重83千克，比美国准备在第二年初发射的卫星重8倍。

"斯普特尼克1号"人造卫星模型

空间站是什么时候开始发射的？

苏联是首先发射载人空间站的国家，在1971年4月发射，后在太空与联盟号飞船对接成功，有3名航天员进站内生活工作近24天。但这3名航天员乘"联盟11号"飞船返回地球过程中，由于座舱漏气减压，不幸全部遇难。

"礼炮1号"空间站与"联盟11号"飞船对接。

航天飞机是什么时候发明的？

1977年6月18日，美国宇航局首次载人用飞机背上天空试飞，参加试飞的是宇航员海斯和富勒顿两人。8月12日，载人在飞机上飞行试验圆满完成。又经过4年，第一架载人航天飞机终于出现在太空舞台，这是航天技术发展史上的又一个里程碑。

全球定位系统是谁发明的？

1964—1965年在北极星潜艇上第一次通过传输系统卫星进行位置修正，这可以说是GPS的雏形。GPS的民用技术的真正发展是在本世纪初才开始真正普及，目前我们在市面上见到的GPS导航仪，更是近几年才发展起来的。

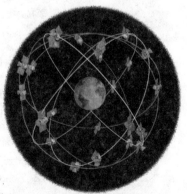

GPS与人造卫星技术相结合，可以将准确的定位信息发送到世界的各个角落。

图书在版编目（CIP）数据

发明发现之迷/青少科普编委会编著. —长春：
吉林科学技术出版社，2012.12（2019.1重印）
（十万个未解之谜系列）
ISBN 978-7-5384-6377-4

Ⅰ.①发… Ⅱ.①青… Ⅲ.①创造发明－世界－青年
读物②创造发明－世界－少年读物 Ⅳ.①N19-49

中国版本图书馆CIP数据核字（2012）第275158号

十万个未解之谜系列

发明发现之迷

编　　著	青少科普编委会	

编　　委　侣小玲　金卫艳　刘珺　赵欣　李婷　王静　李智勤
　　　　　赵小玲　李亚兵　刘彤　靖凤彩　袁晓梅　宋媛媛　焦转丽

出版人　李梁
选题策划　赵鹏
责任编辑　万田继
封面设计　长春茗尊平面设计有限公司
制　版　张天力
开　本　710×1000　1/16
字　数　150千字
印　张　10
版　次　2013年5月第1版
印　次　2019年1月第7次印刷

出　版　吉林出版集团
　　　　吉林科学技术出版社
发　行　吉林科学技术出版社
地　址　长春市人民大街4646号
邮　编　130021
发行部电话/传真　0431-85635177　85651759　85651628
　　　　　　　　　85677817　85600611　85670016
储运部电话　0431-84612872
编辑部电话　0431-85630195
网　址　http://www.jlstp.com
印　刷　北京一鑫印务有限责任公司

书　号　ISBN 978-7-5384-6377-4
定　价　29.80元